# 図解
# IATF 16949
## よくわかるコアツール

### 【第3版】

# APQP・PPAP・
# AIAG & VDA FMEA・
# SPC・MSA

岩波好夫 著

日科技連

# 第3版発刊にあたって

　自動車産業のFMEA参照マニュアルとして、2019年6月までは、AIAG（アメリカ自動車産業協会）のFMEA参照マニュアルと、VDA（ドイツ自動車工業会）のFMEA参照マニュアルの、2つのマニュアルが存在しましたが、自動車産業セクターとしてFMEAに共通の基盤を提供するために、AIAGとVDAの共同作業の結果、AIAG & VDA FMEAハンドブックが発行されました。AIAG & VDA FMEAハンドブックでは、設計FMEAおよびプロセスFMEAに加えて、FMEA-MSR（監視およびシステム応答の補足FMEA）が新しく開発されました。

　2020年2月発刊の第2版では、この新しいFMEAハンドブックに従って、第4章FMEAの内容を全面的に改訂しました。

　詳細については、2019年6月に新しく制定されたAIAG & VDA FMEAハンドブックをご参照ください。なおその日本語版は、㈱ジャパン・プレクサスから発行されています。

　また、最近、バルク材料を製品とする化学産業組織のIATF 16949認証取得が増加しています。本書、第3版では、生産部品承認プロセス(PPAP)参照マニュアルに含まれている、附属書F"バルク材料固有要求事項"、附属書G"タイヤ産業固有要求事項"および附属書H"トラック産業固有要求事項"の解説を追加しました。

　2021年12月

岩波　好夫

# まえがき

　自動車産業の品質マネジメントシステム規格 ISO/TS 16949 が広く取得されるようになり、最近では、今までの金属関係の自動車部品メーカーに加えて、電子部品や化学素材関係企業の認証取得が多くなっています。その ISO/TS 16949 が、2016 年 10 月に IATF 16949 に生まれ変わりました。

　IATF 16949 では、品質マネジメントシステム規格 ISO 9001 の目的である、顧客満足と品質保証に加えて、製造工程、生産性、コストなどの、企業のパフォーマンスの継続的な改善を対象としています。IATF 16949 のねらいは、不適合の検出ではなく、不適合の予防と製造工程におけるばらつきとムダの削減です。したがって IATF 16949 は、自動車産業のみならず、あらゆる製造業における経営パフォーマンス改善のために活用できる規格といえます。

　IATF 16949 では、いわゆる規格要求事項以外に顧客固有の要求事項があり、その中にはコアツール（core tool）と呼ばれる技術的な手法が含まれています。

　本書では、これらの IATF 16949 で準備されているコアツールのうち、先行製品品質計画（APQP）、生産部品承認プロセス（PPAP、サービス PPAP を含む）、故障モード影響解析（FMEA）、統計的工程管理（SPC）および測定システム解析（MSA）について、それらの内容を理解するだけでなく、読者のみなさん自身がこれらのコアツールを実施できるように、実施事例を含めて「図解」によりわかりやすく解説しています。またこれらのコアツールは、IATF 16949 だけでなく、最近では種々の産業において認証が進んでいる ISO 9001 品質マネジメントシステムにおいても活用することができます。

　本書では、IATF 16949 のコアツールとして最も一般的となっている、AIAG（automotive industry action group、米国自動車産業アクショングループ）作成の参照マニュアル（reference manual）の内容にもとづいて解説しています。

　本書は、次の各章で構成されています。
　第 1 章　IATF 16949 とコアツール

この章では、AIAG 発行の参照マニュアルにおける、これらのコアツールと
IATF 16949 規格要求事項との関係について説明します。

第2章　APQP：先行製品品質計画

この章では、IATF 16949 において、プロジェクトマネジメントとして要
求している、APQP(先行製品品質計画)およびコントロールプランについて、
AIAG の APQP 参照マニュアルの内容について説明します。

第3章　PPAP：生産部品承認プロセス

この章では、IATF 16949 規格の製品承認プロセスに相当する、PPAP(生産
部品承認プロセス)およびサービス PPAP(サービス生産部品承認プロセス)に
ついて、AIAG の PPAP 参照マニュアルおよびサービス PPAP 参照マニュア
ルの内容について説明します。

第4章　FMEA：故障モード影響解析

この章では、IATF 16949 で要求している FMEA(故障モード影響解析)に
関して、AIAG の FMEA 参照マニュアルの内容について説明します。そして、
設計 FMEA およびプロセス FMEA の実施手順について、事例を含めて説明
します。

第5章　SPC：統計的工程管理

この章では、IATF 16949 で要求している SPC(統計的工程管理)に関して、
AIAG の SPC 参照マニュアルの内容について説明します。そして、管理図や
工程能力指数の算出・評価方法について、事例を含めて説明します。

第6章　MSA：測定システム解析

この章では、IATF 16949 で要求している MSA(測定システム解析)に関し
て、AIAG の MSA 参照マニュアルの内容について説明します。

そして、安定性、偏り、直線性および繰返し性・再現性(ゲージ R&R)、な
らびに計数値の測定システム解析手法であるクロスタブ法について、それぞれ

実施例を含めて説明します。

　本書は、次のような方々に読んでいただき、活用されることを目的としています。

① 自動車産業のビジネス・パスポートとなる IATF 16949 認証取得（審査登録）を検討中の企業の方々

② IATF 16949 の APQP、PPAP、FMEA、SPC および MSA の各コアツールについて理解し、自らそれらを実施できるようになりたいと考えておられる方々

③ 一般的な品質マネジメントシステム国際規格である ISO 9001 システムにおいて、これらの各コアツールを活用し、レベルアップさせたいと考えておられる方々

　読者のみなさんの会社の IATF 16949 認証取得、および認証取得後のコアツールの活用、ならびに ISO 9001 から IATF 16949 システムへのレベルアップのために、本書がお役に立つことを期待しています。

**謝　辞**

　本書の執筆にあたっては、巻末にあげた文献を参考にしました。特に、AIAG 発行の APQP、PPAP（サービス PPAP を含む）、FMEA、SPC および MSA の各参照マニュアルを参考にしました。またそれらの和訳版は、㈱ジャパン・プレクサスから発行されています。それぞれの内容の詳細については、これらの参考文献をご参照ください。

　最後に本書の出版にあたり、多大なご指導をいただいた日科技連出版社出版部長戸羽節文氏ならびに石田新氏に心から感謝いたします。

2017 年 2 月

　　　　　　　　　　　　　岩　波　好　夫

# 目　　次

# 第1章　IATF 16949 とコアツール ⋯⋯⋯⋯⋯⋯ 13

# 第2章　APQP：先行製品品質計画 ⋯⋯⋯⋯⋯⋯ 25

# 第3章　PPAP：生産部品承認プロセス ⋯⋯⋯ 57

# 第4章　FMEA：故障モード影響解析 ············· 83

装丁＝さおとめの事務所

# 第1章

# IATF 16949 と
# コアツール

　IATF 16949 では、顧客固有の要求事項として、先行製品品質計画（APQP）、生産部品承認プロセス（PPAP）（サービスPPAP を含む）、故障モード影響解析（FMEA）、統計的工程管理（SPC）および測定システム解析（MSA）の5種類のコアツール（core tool）があり、それぞれ参照マニュアルとして準備されています。

　この章では、AIAG 発行の参照マニュアルにおける、これらのコアツールと IATF 16949 規格要求事項との関係について説明します。

　詳細については、IATF 16949 規格ならびにこれらのコアツールに関する参照マニュアルをご参照ください。

# 1.1　IATF 16949 とコアツール

　IATF 16949 は、ISO 9001 の目的である顧客満足と品質保証に加えて、製造工程、生産性、コストなどの、組織のパフォーマンスの継続的な改善を対象としています。すなわち IATF 16949 のねらいは、不適合の検出ではなく、不具合の予防と、製造工程のばらつきとムダの削減です。

　そのために IATF 16949 では、先行製品品質計画（APQP）、生産部品承認プロセス（PPAP、サービス PPAP を含む）、故障モード影響解析（FMEA）、統計的工程管理（SPC）および測定システム解析（MSA）という 5 種類のコアツール（core tool）と呼ばれる技術手法が、それぞれ参照マニュアル（reference manual、レファレンスマニュアル）として準備されています。本書では、IATF 16949 のコアツールとして最も一般的となっている、AIAG（automotive industry action group、アメリカ自動車産業協会）発行の参照マニュアルの内容にもとづいて解説します。これらのコアツールを図 1.1 に示します。それぞれのコアツールの詳細は、第 2 章以降で説明します。

| コアツール | 内　容 |
|---|---|
| 先行製品品質計画（APQP） | ・新製品の設計・開発の手順を述べたもので、APQP は、以下の各コアツールと関係する。 |
| 生産部品承認プロセス（PPAP） | ・自動車生産用の量産品を顧客に出荷するために、顧客の承認を得る手順を述べたもの |
| 　サービス生産部品承認プロセス（サービス PPAP） | ・自動車のサービス用の製品（サービスパーツ）を出荷するために、顧客の承認を得る手順を述べたもの |
| 故障モード影響解析（FMEA） | ・製品または製造工程で発生する可能性のある故障を予測して、設計段階でリスクを低減させる技法 |
| 統計的工程管理（SPC） | ・製造工程を安定させ、かつ工程能力を向上させるための技法 |
| 測定システム解析（MSA） | ・測定器・測定者・測定環境などの測定システムの変動（測定結果のばらつき）を解析する技法 |

図 1.1　IATF 16949 のコアツール

# 1.2 コアツールと IATF 16949 要求事項

## (1) APQP と IATF 16949 要求事項

　IATF 16949 規格では、APQP（advanced product quality planning、先行製品品質計画）について、図 1.2 に示すように述べています。すなわち、IATF 16949 規格（箇条 8.3.2.1）では、新製品の設計・開発は、APQP のようなプロジェクトマネジメント手法を用いて行うことを求めています。また APQP を含む各コアツールの力量は、設計・開発の担当者だけでなく、内部監査員や第二者監査員にとっても必要であることを述べています。

　APQP のアウトプット項目を第 2 章の図 2.4（p.29）に示しましたが、これらの APQP のアウトプット項目のほとんどは、IATF 16949 規格の要求事項となっています。すなわち、APQP の各アウトプット項目は、IATF 16949 で要求されている内容を、製品実現プロセスの順序に従って述べたものであるということができます。

　IATF 16949 のねらいは、不具合の予防と、製造工程のばらつきとムダの削減であることを述べましたが、APQP を確実に実行することによって、これらのねらいを達成することができ、APQP は IATF 16949 そのものであるということができます。

| 項　目 | 要求事項の内容 |
|---|---|
| 7.2.3　内部監査員の力量 | ・品質マネジメントシステム監査員は、コアツール要求事項の理解の力量を実証する。 |
| 7.2.4　第二者監査員の力量 | ・第二者監査員は、適格性確認に対する…コアツール要求事項の理解の力量を実証する。 |
| 8.3.2.1　設計・開発の計画－補足 | ・部門横断的アプローチで推進する例には、プロジェクトマネジメント（例えば、APQP または VDA-RGA）がある。 |
| 9.1.1.2　統計的ツールの特定 | ・適切な統計的ツールが、先行製品品質計画（APQP）プロセスの一部として含まれている。 |

図 1.2　APQP と IATF 16949 要求事項

　APQP 参照マニュアルに含まれているコントロールプラン（control plan）について、IATF 16949 規格では図 1.3（pp.16 〜 17）に示すように述べています。IATF 16949 規格の各所において、コントロールプランが引用されています。

　コントロールプランは、製品と製造工程の管理方法を記述した文書で、IATF 16949 では最も重要な文書です。コントロールプランについては、第 2 章において詳しく説明します。

| 項　目 | 要求事項の内容 |
|---|---|
| 4.4.1.2　製品安全 | ・製品安全に関係する製品と製造工程の運用管理に対する文書化したプロセスをもつ。これには、コントロールプランの特別承認を含める。 |
| 7.1.3.1　工場、施設および設備の計画 | ・リスクに関連する定期的再評価を含めて、工程承認中に行われた変更、コントロールプランの維持、および作業の段取り替え検証を取り入れるために、工程の有効性を維持する。 |
| 7.2.3　内部監査員の力量 | ・品質マネジメントシステム監査員は、コアツール要求事項の理解の力量を実証する。<br>・製造工程監査員は、監査対象となる製造工程のコントロールプランを含む、専門的理解を実証する。 |
| 7.2.4　第二者監査員の力量 | ・第二者監査員は、適格性確認に対する…コアツール要求事項の理解の力量を実証する。 |
| 7.5.3.2.2　技術仕様書 | ・技術規格・仕様書の変更が、コントロールプランのような生産部品承認プロセス文書に影響する場合、顧客の生産部品の再承認が要求される。 |
| 8.3.2.1　設計・開発の計画－補足 | ・部門横断的アプローチで推進する例には、製造工程リスク分析の実施・レビュー（例えば、コントロールプラン）がある。 |
| 8.3.3.3　特殊特性 | ・特殊特性を特定するプロセスを確立し、文書化し、実施する。特殊特性をコントロールプランに含める。 |
| 8.3.4.3　試作プログラム | ・顧客から要求される場合、試作プログラムおよび試作コントロールプランをもつ。 |
| 8.3.5.2　製造工程設計からのアウトプット | ・製造工程設計からのアウトプットには、コントロールプランなどを含める。 |

**図 1.3　コントロールプランと IATF 16949 要求事項（1/2）**

| 項　目 | 要求事項の内容 |
|---|---|
| 8.5.1.1　コントロールプラン | ・コントロールプランは、該当する製造サイトおよびすべての供給する製品に対して、システム、サブシステム、構成部品または材料のレベルで、バルク材料を含めて策定する。 |
| | ・量産試作および量産に対して、製造工程のリスク分析のアウトプット（FMEA のような）からの情報を反映する、コントロールプランを作成する。 |
| 8.5.6.1.1　工程管理の一時的変更 | ・コントロールプランに引用され、承認された代替工程管理方法のリストを作成し、定期的にレビューする。 |
| | ・コントロールプランに定められた標準作業の実施を検証するため、代替工程管理の運用を日常的にレビューする。 |
| 8.6.1　製品・サービスのリリース－補足 | ・製品・サービスの要求事項が満たされていることを検証するための計画した取決めが、コントロールプランを網羅し、かつコントロールプランに規定されたように文書化されていることを確実にする。 |
| 8.6.2　レイアウト検査・機能試験 | ・レイアウト検査および顧客の材料・性能の技術規格に対する機能検証は、コントロールプランに規定されたとおりに、各製品に対して実行する。 |
| 8.7.1.4　手直し製品の管理 | ・コントロールプランに従って、原仕様への適合を検証する手直し確認の文書化したプロセスをもつ。 |
| 8.7.1.5　修理製品の管理 | ・コントロールプランに従って、修理確認の文書化したプロセスをもつ。 |
| 9.1.1.1　製造工程の監視および測定 | ・統計的に能力不足または不安定な特性に対して、コントロールプランに記載された対応計画を開始する。 |
| 9.2.2.3　製造工程監査 | ・製造工程監査には、コントロールプランが効果的に実施されていることの監査を含める。 |
| 10.2.3　問題解決 | ・文書化した情報（例えば、コントロールプラン）のレビュー・更新を含む、問題解決の文書化したプロセスをもつ。 |
| 10.2.4　ポカヨケ | ・ポカヨケ手法の活用について決定する文書化したプロセスをもつ。 |
| | ・採用された手法の試験頻度は、コントロールプランに文書化する。 |

**図 1.3　コントロールプランと IATF 16949 要求事項（2/2）**

## (2)　PPAP と IATF 16949 要求事項

IATF 16949 規格では、製品承認プロセス(生産部品承認プロセス (production part approval process、PPAP)、およびサービス生産部品承認プロセス(サービス PPAP))について、図 1.4 に示すように述べています。

IATF 16949 規格(箇条 8.3.4.4)では、製品の出荷前に、PPAP で要求されている文書・記録やサンプルを提出して、顧客の承認を得ることを求めています。また箇条 7.5.3.2.2 では、設計変更などが行われた際には、PPAP の再承認が必要なこと、箇条 9.1.1.1 では、PPAP で顧客に承認された製造工程の工程能力を、その後も維持することが必要であること、そして箇条 7.2.3 および箇条 7.2.4 では、PPAP を含む各コアツールの力量は、内部監査員や第二者監査員にとって必要であることを述べています。

IATF 16949 におけるコアツールの位置づけ、すなわち各コアツールが要求事項かどうかに関して、PPAP を除く 4 つのコアツール(APQP、FMEA、SPC および MSA)の参照マニュアルでは、"参照マニュアルの内容は、要求事項ではなく参照事項である"と述べています。しかし、PPAP 参照マニュアルでは、"その内容は要求事項である"と述べています。PPAP は IATF 16949 の要求事項です。これが各コアツールの参照マニュアルの基本的な位置づけとなります。

| 項　目 | 要求事項の内容 |
|---|---|
| 7.2.3　内部監査員の力量 | ・品質マネジメントシステム監査員は、コアツール要求事項の理解の力量を実証する。 |
| 7.2.4　第二者監査員の力量 | ・第二者監査員は、適格性確認に対する…コアツール要求事項の理解の力量を実証する。 |
| 7.5.3.2.2　技術仕様書 | ・技術規格・仕様書の変更は、生産部品承認プロセス文書に影響する場合、顧客の生産部品承認の再承認の記録が要求される。 |
| 8.3.4.4　製品承認プロセス | ・顧客に要求される場合、出荷に先立って、文書化した顧客の製品承認を取得する。 |
| 9.1.1.1　製造工程の監視および測定 | ・顧客の部品承認プロセス要求事項で規定された製造工程能力($C_{pk}$)の結果を維持する。 |

**図 1.4　PPAP と IATF 16949 要求事項**

## (3) FMEA と IATF 16949 要求事項

　IATF 16949 規格では、FMEA(failure mode and effects analysis、故障モード影響解析)について、図 1.5(pp.19 ～ 20)に示すように述べています。

　IATF 16949 規格の各所において、FMEA の実施が要求されています。FMEA は、設計・開発のツールであるといわれていますが、設計・開発だけでなく、製造工程管理、変更管理、是正処置、安全管理を含めた種々の項目での活用を求めていることがわかります。IATF 16949 では、設計 FMEA(製品の FMEA)とプロセス FMEA(製造工程の FMEA)の両方を求めています。

　FMEA は、自動車産業以外でも使用されていますが、安全を重視する自動車産業では、IATF 16949 で要求されている技術的なコアツールのなかで、FMEA は SPC と並んで重要な位置を占めています。

　あらゆる産業に適用される品質マネジメントシステム規格 ISO 9001 でも、2015 年版の改訂において、リスク対応が導入され、組織のリスクを回避・低減するための品質マネジメントシステムの構築と運用が求められています。IATF 16949 の FMEA の考え方は、種々のリスク管理に広く活用することができます。

| 項　目 | 要求事項の内容 |
|---|---|
| 4.4.1.2　製品安全 | ・製品安全に関係する製品と製造工程の運用管理に対する文書化したプロセスをもつ。これには設計 FMEA に対する特別承認を含める。 |
| 7.2.3　内部監査員の力量 | ・品質マネジメントシステム監査員は、コアツール要求事項理解の力量を実証する。 |
| | ・製造工程監査員は、監査対象となる製造工程の、工程リスク分析(PFMEA のような)を含む、専門的理解を実証する。 |
| 7.2.4　第二者監査員の力量 | ・第二者監査員は、適格性確認に対する…PFMEA およびコントロールプランを含む製造工程の力量を実証する。 |
| 7.5.3.2.2　技術仕様書 | ・技術規格・仕様書の変更は、リスク分析(FMEA のような)のような生産部品承認プロセス文書に影響する場合、顧客の生産部品承認の更新された記録が要求される。 |

図 1.5　FMEA と IATF 16949 要求事項(1/2)

| 項　　目 | 要求事項の内容 |
|---|---|
| 8.3.2.1　設計・開発の計画－補足 | ・部門横断的アプローチで推進する例には、下記がある。<br>－製品設計リスク分析（FMEA）の実施・レビュー<br>－製造工程リスク分析の実施・レビュー（例えば、FMEA） |
| 8.3.3.3　特殊特性 | ・特殊特性を特定するプロセスを確立する。<br>・それにはリスク分析（FMEA のような）における特殊特性の文書化を含める。 |
| 8.3.5.1　設計・開発からのアウトプット－補足 | ・製品設計からのアウトプットには、設計リスク分析（DFMEA）を含める。 |
| 8.3.5.2　製造工程設計からのアウトプット | ・製造工程設計からのアウトプットには、製造工程FMEA（PFMEA）を含める。 |
| 8.5.1.1　コントロールプラン | ・量産試作および量産に対して、製造工程のリスク分析のアウトプット（FMEA のような）からの情報を反映する、コントロールプランを作成する。 |
| 8.5.6.1.1　工程管理の一時的変更 | ・代替管理方法の使用を運用管理するプロセスを文書化する。このプロセスにリスク分析（FMEA のような）にもとづいて、内部承認を含める。 |
| 8.7.1.4　手直し製品の管理 | ・手直し工程におけるリスクを評価するために、リスク分析（FMEA のような）の方法論を活用する。 |
| 8.7.1.5　修理製品の管理 | ・修理工程におけるリスクを評価するために、リスク分析（FMEA のような）の方法論を活用する。 |
| 9.1.1.1　製造工程の監視および測定 | ・PFMEA が実施されることを確実にする。 |
| 9.2.2.3　製造工程監査 | ・製造工程監査には、工程リスク分析（PFMEA のような）が効果的に実施されていることの監査を含める。 |
| 9.3.2.1　マネジメントレビューへのインプット－補足 | ・マネジメントレビューへのインプットには、リスク分析（FMEA のような）を通じて明確にされた潜在的市場不具合の特定を含める。 |
| 10.2.3　問題解決 | ・適切な文書化した情報（例えば、PFMEA）のレビュー・更新を含む、問題解決の方法を文書化したプロセスをもつ。 |
| 10.2.4　ポカヨケ | ・ポカヨケ手法の詳細は、プロセスリスク分析（PFMEAのような）に文書化する。 |
| 10.3.1　継続的改善－補足 | ・継続的改善の文書化したプロセスをもつ。<br>　　このプロセスには、リスク分析（FMEA のような）を含める。 |

図 1.5　FMEA と IATF 16949 要求事項（2/2）

## （4）　SPC と IATF 16949 要求事項

IATF 16949 規格では、SPC（statistical process control、統計的工程管理）について、図1.6 に示すように述べています。IATF 16949 規格の各所において、SPC の実施が要求されています。

箇条 8.3.5.2 では、設計・開発の段階から SPC を活用すること、また箇条 8.5.1.3、箇条 9.1.1.1 および箇条 10.3.1 では、製造工程の管理に SPC を活用することを述べています。IATF 16949 のねらいである不適合の予防と製造工程のばらつきとムダの削減のために、SPC は不可欠なツールです。

| 項　目 | 要求事項の内容 |
|---|---|
| 7.2.3　内部監査員の力量 | ・品質マネジメントシステム監査員は、コアツール要求事項の力量を実証する。 |
| 7.2.4　第二者監査員の力量 | ・第二者監査員は、適格性確認に対する…コアツール要求事項の理解の力量を実証する。 |
| 8.3.5.2　製造工程設計からのアウトプット | ・製造工程設計からのアウトプットには、工程承認の合否判定基準を含める。 |
| 8.5.1.3　作業の段取り替え検証 | ・検証に統計的方法を使用する。 |
| 9.1.1.1　製造工程の監視・測定 | ・すべての新規製造工程に対して、工程能力を検証し、特殊特性の管理を含む工程管理への追加インプットを提供するために、工程調査を実施する。<br>・顧客の部品承認プロセス要求事項で規定された製造工程能力（$C_{pk}$）または製造工程性能（$P_{pk}$）の結果を維持する。<br>・統計的に能力不足または不安定な特性に対して、コントロールプランに記載された対応計画を開始する。 |
| 9.1.1.2　統計的ツールの特定 | ・適切な統計的ツールが先行製品品質計画プロセスの一部として含まれていることを検証する。 |
| 9.1.1.3　統計概念の適用 | ・ばらつき、管理（安定性）、工程能力および過剰調整によって起きる結果のような統計概念は、統計データの収集、分析および管理に携わる従業員に理解され、使用される。 |
| 10.3.1　継続的改善－補足 | ・継続的改善は、製造工程が統計的に能力をもち安定してから、または製品特性が予測可能で顧客要求事項を満たしてから、実施される。 |

**図 1.6　SPC と IATF 16949 要求事項**

## （5）　MSA と IATF 16949 要求事項

　IATF 16949 規格では、MSA（measurement system analysis、測定システム解析）について、図 1.7 に示すように述べています。箇条 7.2.3 および箇条 7.2.4 では、内部監査員や第二者監査員に対しても MSA の力量を求めています。

　MSA は、測定器・測定者・測定環境などの測定システム全体の変動（測定誤差）を解析する技法です。

　本書の 1.2 節（2）において、IATF 16949 で準備されているコアツールのうち、PPAP は要求事項であるが、その他の 4 つのコアツール（APQP、FMEA、SPC、MSA）の参照マニュアルの内容は、要求事項ではなく参照事項であると述べました。MSA 参照マニュアルにもそのような趣旨の記載があります。

　しかし、IATF 16949 規格（箇条 7.1.5.1.1）において、"MSA で使用する解析方法および合否判定基準は、測定システム解析に関する参照マニュアルに適合しなければならない。顧客が承認した場合は、他の解析方法および合否判定基準を使用してもよい"と述べています。したがって、MSA に関しては、常にAIAG の MSA 参照マニュアルが要求事項というわけではありませんが、顧客指定の参照マニュアルに従うことが必要です。

| 項　目 | 要求事項の内容 |
|---|---|
| 7.1.5.1.1　測定システム解析 | ・コントロールプランに特定されている各種の検査、測定、および試験設備システムの、結果に存在するばらつきを解析するために、統計的調査を実施する。<br>・使用する解析方法と合否判定基準は、MSA 参照マニュアルに適合する。<br>・顧客が承認した場合は、他の解析方法および合否判定基準を使用してもよい。 |
| 7.2.3　内部監査員の力量 | ・品質マネジメントシステム監査員は、コアツール要求事項の理解の力量を実証する。 |
| 7.2.4　第二者監査員の力量 | ・第二者監査員は、適格性確認に対する…コアツール要求事項の理解の力量を実証する。 |

図 1.7　MSA と IATF 16949 要求事項

# 1.3 コアツールと用語

　IATF 16949 規格では、ISO 9001 規格に合わせて、基本的には部品という用語は使用せずに、部品を含めて、製品という用語が使われています。一方、コアツール参照マニュアルでは、主として部品という用語が使われています。製品も部品も同じ意味であると理解し、特に区別しなくてよいでしょう。

# 1.4 IATF 16949 のコアツール

　本書では、AIAG（アメリカ）から発行されているコアツールについて説明していますが、IATF 16949 規格では、VDA（ドイツ）、ANFIA（イタリア）、SEI（アメリカの研究所）などから発行されている各手法についても、IATF 16949 規格の附属書 B において紹介しています（図 1.8 参照）。

| 区　分 | 発　行 | 名　称 |
|---|---|---|
| 製品設計 | AIAG | APQP and Control Plan |
| | AIAG | CQI-24 DRBFM |
| 製品承認 | AIAG | Production Part Approval Process（PPAP） |
| | VDA | Volume 2 Production process and product approval（PPA） |
| FMEA | AIAG | Potential Failure Mode & Effects Analysis（FMEA） |
| | VDA | Volume 4 Chapter Product and Process FMEA |
| | ANFIA | AQ 009 FMEA |
| 統計的ツール | AIAG | Statistical Process Control（SPC） |
| | ANFIA | AQ 011 SPC |
| 測定システム解析 | AIAG | Measurement Systems Analysis （MSA） |
| | VDA | Volume 5 Capability of Measuring Systems |
| | ANFIA | AQ 024 Measurement Systems Analysis |
| リスク分析 | VDA | Volume 4 Ring-binder |
| ソフトウェアプロセス評価 | SEI | Capability Maturity Mode Integration（CMMI） |
| | VDA | Automotive SPICER |

**図 1.8　IATF 16949 規格におけるコアツールの例**

# 第 2 章

# APQP：
# 先行製品品質計画

　この章では、IATF 16949 において、プロジェクトマネジメントとして要求されている、APQP（先行製品品質計画）およびコントロールプランについて、AIAG の APQP 参照マニュアルの内容について説明します。

　詳細については、APQP 参照マニュアルをご参照ください。

# 2.1　APQP とは

IATF 16949 では、製品の設計・開発の手段として、APQP（先行製品品質計画、advanced product quality planning）などのプロジェクトマネジメント手法を用いることを述べています。

APQP は、新製品に関する品質計画のことで、新製品の計画から量産までの製品実現の一貫した段階を対象としています。APQP の概要を図 2.2 に示します。APQP は、次のような特徴をもっています。

① 　APQP のねらいは、不適合の検出ではなく、不適合の予防と継続的改善である。

② 　APQP は、部門横断チーム（multidisciplinary team、APQP チーム）が中心となって進められる。

③ 　APQP は、同時並行型エンジニアリング（simultaneous engineering）で進められる（図 2.3 参照）。

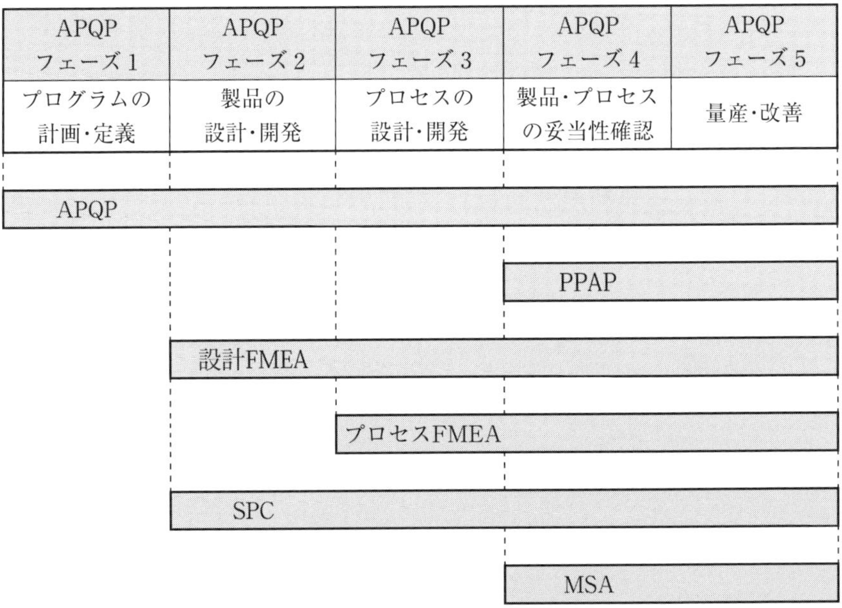

| APQP フェーズ 1 | APQP フェーズ 2 | APQP フェーズ 3 | APQP フェーズ 4 | APQP フェーズ 5 |
|---|---|---|---|---|
| プログラムの計画・定義 | 製品の設計・開発 | プロセスの設計・開発 | 製品・プロセスの妥当性確認 | 量産・改善 |

APQP

PPAP

設計FMEA

プロセスFMEA

SPC

MSA

図 2.1　APQP のフェーズとコアツール

| 項　目 | 内　容 |
|---|---|
| APQP（先行製品品質計画）とは | ①　APQP とは、顧客がその製品に満足することを保証するために必要なフェーズと実施事項を定義し、確実に運用することをいう。新製品品質計画に相当する。 |
| APQP のねらいとメリット | ①　APQP のすべてのフェーズを期日どおり完了することを保証するために、関係者間の情報伝達を円滑にする。<br>②　経営資源を顧客満足のために割りふる。<br>③　必要な変更を早い段階で明確にして実施し、遅い段階での変更を防止する。<br>④　優良製品（quality product）を最低コストで期日どおりに供給する。いわゆる QCD（品質、コスト、納期）のこと。 |
| 経営者の役割 | ①　APQP を成功させるためには、経営者のコミットメントが不可欠である。 |
| APQP チーム | ①　APQP 活動の最初のステップとして、APQP プロジェクトのプロセスオーナーを選任する。<br>②　APQP を効果的に進めるために、部門横断チームを編成する。<br>③　このチームには、技術、製造、資材管理、購買、品質、人事、営業、技術サービス、供給者および顧客などの、各部門の代表者を、必要に応じて含める。<br>④　なお、プロセスオーナーおよび部門横断チームメンバーは、各フェーズにふさわしいように変更してもよい。 |
| 同時並行型エンジニアリング | ①　同時並行型エンジニアリングは、APQP のあるフェーズが完了してから、次のフェーズに入るという、逐次処理型エンジニアリングに代わるものである。<br>②　同時並行型エンジニアリングの目的は、優れた製品の生産開始を迅速化するためである。<br>・APQP の各フェーズが、PDCA 改善サイクルで構成されている。 |
| APQP タイミングチャート | ①　APQP タイミングチャートを、APQP チームとして策定する（図 2.9（p.35）参照）。<br>②　このチャートは、次のように利用できる。<br>・APQP チームが進捗状況をフォローしたり、会議の議題を設定したりする際の、基準文書となる。<br>・現況報告を容易にするため、各イベントについて、"開始日"と"完了日"を設定し、実際の進捗を記録する。 |

図 2.2　APQP（先行製品品質計画）の概要

## 2.2　APQP のフェーズ

　APQP は、(1)プログラムの計画・定義、(2)製品の設計・開発、(3)プロセス(製造工程)の設計・開発、(4)製品・プロセスの妥当性確認、および(5)量産・改善(フィードバック・評価・是正処置)の5つのフェーズ(段階)で構成されています。APQP には、PPAP、FMEA、SPC および MSA の4つのコアツールの活動が含まれています。APQP の各フェーズと各コアツールの関係は、図 2.1(p.26)のようになります。

　APQP 各フェーズのインプットとアウトプットを図 2.4 に示します。各フェーズのアウトプットは、次のフェーズのインプットとなります。

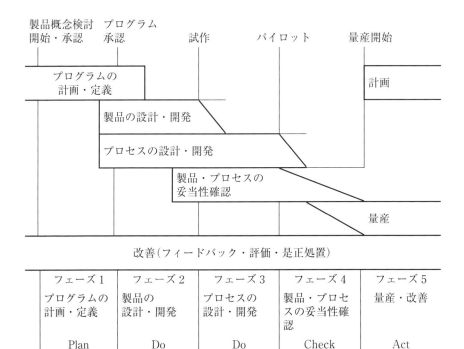

[備考] フェーズ1～フェーズ5が、PDCA 改善サイクルで構成されている。

**図 2.3　APQP のフェーズ**

| APQPフェーズ | | インプット・アウトプット | |
|---|---|---|---|
| フェーズ1<br>プログラムの<br>計画・定義 | インプット | ・顧客の声<br>・事業計画・マーケティング戦略<br>・製品・プロセスのベンチマークデータ | ・製品・プロセスの前提条件<br>・製品信頼性調査<br>・顧客インプット |
| | アウトプット | ・設計到達目標<br>・信頼性目標・品質目標<br>・暫定材料明細表<br>・暫定プロセスフロー図 | ・特殊製品特性・特殊プロセス特性の暫定リスト<br>・製品保証計画書<br>・経営者の支援 |
| フェーズ2<br>製品の設計・<br>開発 | アウトプット | ・設計故障モード影響解析<br>　(DFMEA)<br>・製造性・組立性考慮設計<br>・設計検証<br>・デザインレビュー<br>・試作コントロールプラン<br>・図面(数学的データ含む)<br>・技術仕様書<br>・材料仕様書 | ・図面・仕様書の変更<br>・新規の装置・治工具・施設の要求事項<br>・特殊製品特性・特殊プロセス特性<br>・ゲージ・試験装置要求事項<br>・実現可能性検討報告書<br>・経営者の支援 |
| フェーズ3<br>プロセスの設<br>計・開発 | アウトプット | ・梱包規格・仕様書<br>・製品・プロセスの品質システムレビュー<br>・プロセスフロー図<br>・フロアプランレイアウト<br>・特性マトリクス<br>・プロセス故障モード影響解析(PFMEA) | ・先行生産(量産試作)コントロールプラン<br>・プロセス指示書<br>・測定システム解析計画書<br>・工程能力予備調査計画書<br>・経営者の支援 |
| フェーズ4<br>製品・プロセ<br>スの妥当性確<br>認 | アウトプット | ・実質的生産<br>・測定システム解析(MSA)<br>・工程能力予備調査(SPC)<br>・量産の妥当性確認試験<br>・梱包評価 | ・量産コントロールプラン<br>・生産部品承認(PPAP)<br>・品質計画承認<br>・経営者の支援 |
| フェーズ5<br>量産・改善 | アウトプット | ・変動の減少<br>・顧客満足の向上<br>・引渡し・サービスの改善 | ・学んだ教訓・ベストプラクティスの効果的な利用 |

図 2.4　APQP の各フェーズのインプットとアウトプット

　APQP の適用範囲（APQP 責任分担マトリクス）を図 2.5 に示します。製品の設計責任のある組織は、APQP のフェーズ 1 からフェーズ 5 までのすべてに対して責任があります。これに対して、製造のみを行っている組織、すなわち製品の設計は顧客が行っている場合、および熱処理、メッキ、倉庫、保管、輸送などのサービスプロセスのみを行っている組織は、フェーズ 1 とフェーズ 2 は対象から外れます。ただし、このような製品の設計責任のない組織でも、APQP フェーズ 2 の一部である実現可能性の検討は要求されます。

　なお、例えば海外の工場が IATF 16949 認証を取得する場合に、製品の設計・開発が行われている日本の設計部門が IATF 16949 認証審査の対象範囲に含まれるため、その場合は、製造のみの組織ではなく製品設計責任のある組織として扱われます。

| APQPのフェーズ | 製品設計責任のある組織 | 製造のみの組織 | サービス組織* |
|---|:---:|:---:|:---:|
| 適用範囲の定義 | ○ | ○ | ○ |
| （フェーズ 1）<br>プログラムの計画・定義 | ○ | | |
| （フェーズ 2）<br>製品の設計・開発 | ○ | | |
| （フェーズ 2 の一部）<br>実現可能性の検討 | ○ | ○ | ○ |
| （フェーズ 3）<br>プロセスの設計・開発 | ○ | ○ | ○ |
| （フェーズ 4）<br>製品・プロセスの妥当性確認 | ○ | ○ | ○ |
| （フェーズ 5）<br>量産・改善 | ○ | ○ | ○ |
| コントロールプラン | ○ | ○ | ○ |

＊サービス：熱処理、メッキ、倉庫、保管、輸送など

**図 2.5　APQP の適用範囲（APQP 責任分担マトリクス）**

# 2.3　APQP の各フェーズの詳細

## 2.3.1　APQP フェーズ 1：プログラムの計画・定義

　APQP のフェーズ 1 は、APQP の最初のフェーズ(段階)で、APQP プログラムの計画と定義のフェーズに相当します。フェーズ 1 のはじめに、次のことを明確にします。

①　チームリーダー(プロセスオーナー)を選任し、部門横断的な APQP チームを編成する。

②　APQP の対象となる対象顧客、対象製品などの対象範囲を明確にする。

③　APQP プログラムのマスタースケジュール(APQP タイミングチャート)を作成する。

　フェーズ 1 の初期の段階で、インプット情報を収集します。インプット情報には、顧客の声、事業計画・マーケティング戦略、製品・製造工程のベンチマークデータ、製品・製造工程の前提条件、製品の信頼性調査、顧客インプットなどがあります。顧客の声は、幅広い顧客の期待、そして顧客インプットは、顧客の具体的な要求と考えるとよいでしょう(図 2.6 参照)。

　フェーズ 1 の活動の結果のアウトプットとして、設計目標、信頼性目標・品質目標、暫定材料明細表、暫定プロセスフロー図、特殊製品特性・特殊プロセス特性の暫定リスト、製品保証計画書などの情報をアウトプットとしてまとめます。フェーズ 1 の最後に、経営者の参画を得て、製品保証計画書の内容に対する承認と、次のフェーズ 2 に進むことの支援を得ます(図 2.7 参照)。

　フェーズ 1 の最終的なアウトプットである製品保証計画書(APQP 計画書)には、APQP プログラムの概要、品質・信頼性目標、新技術・材料・製造方法に関する評価などが含まれます(図 2.8(p.34)参照)。

　APQP のフェーズ 1 からフェーズ 4 までのアウトプットとして、経営者の支援があります。各フェーズにおける経営者の支援は、例えば APQP 会議−1、−2、−3 のような会議体として効果的に機能させることが、APQP 成功のポイントとなります。

　フェーズ 1 のアウトプットは、次のフェーズ 2 (製品の設計・開発)のイン

プットとなります。製品の機能・性能、品質・信頼性、材料リスト、プロセス
フロー、および製品と製造工程の特殊特性などは、いずれも次のフェーズ2の
インプットですが、これらの目標と計画を、前のフェーズ1のアウトプットと
して決めておきます。

　APQPでは、APQPタイミングチャートを策定し、APQPの進捗状況をフォ
ローするために使用することを求めています。タイミングチャートの例を図
2.9に示します。

| 項　目 | 内　容 |
|---|---|
| 顧客の声 | ① 外部顧客と内部顧客の声を考慮する。<br>② 市場調査を行う。<br>③ 過去の品質情報を調査する。<br>④ APQPチームの経験を調査する。 |
| 事業計画・マーケ ティング戦略 | ① 顧客の事業計画を調査し、マーケティング戦略を作成する。<br>② 事業計画では、APQPに影響を及ぼす条件（スケジュール、コスト、投資、製品の位置づけ、研究開発資源など）を、明確にする。<br>③ マーケティング戦略によって、対象顧客、セールスポイント、および競争相手を明確にする。 |
| 製品・製造工程 のベンチマーク （benchmark） データ | ① ベンチマーク（基準となるもの）によって、製品・製造工程の目標を設定するための条件が明確になる。<br>② 研究開発の状況からも、ベンチマーク情報が得られる。<br>③ ベンチマークを成功させる方法には、次のものがある。<br>・適切なベンチマークの特定<br>・現状とベンチマークとの間のギャップの理由の理解<br>・ギャップを小さくする、ベンチマークに到達する、またはベンチマークを超える計画 |
| 製品・製造工程の 前提条件 | ① 製品の特徴、設計・製造工程の前提条件を明確にする。<br>② これには、技術革新、先進材料、信頼性評価、および新技術が含まれる。 |
| 製品の信頼性調査 | ① 指定期間内における製品の修理・交換の頻度、および長期信頼性・耐久性試験の結果を考慮する。 |
| 顧客インプット | ① 製品に対する顧客のニーズと期待をまとめる。<br>② 顧客の声は、顧客の定性的な要求と期待、また顧客インプットは、顧客の具体的・定量的な要求と期待と考えるとよい。 |

図2.6　APQPフェーズ1（プログラムの計画・定義）のインプット

| 項　目 | 内　容 |
|---|---|
| 設計目標 | ①　設計目標として、顧客の要求・期待を定量的にまとめる。<br>②　顧客の声には、法規制要求事項も含まれる。 |
| 信頼性目標・品質目標 | ①　信頼性目標は、顧客の要求と期待、APQP の目的、および信頼性ベンチマークにもとづいて設定される。<br>②　品質目標は、ppm（不良率）、問題水準、またはスクラップ削減量などの指標にもとづいたものとする。 |
| 暫定材料明細表 | ①　製品・製造工程の前提条件をもとに、暫定材料明細表を作成する。これには供給者のリストを含める。 |
| 暫定プロセスフロー図 | ①　暫定材料明細表および製品・製造工程の前提条件をもとに、暫定プロセスフロー図を作成する。 |
| 特殊製品特性・特殊プロセス特性の暫定リスト | ①　特殊製品特性・特殊プロセス特性は、顧客が特定し、さらに組織が追加する。<br>②　特殊特性（special characteristics）を特定するためのインプット情報の例には、次のものが含まれる。<br>・顧客のニーズ・期待の分析をもとにした製品の前提条件<br>・信頼性到達目標および要求事項の特定<br>・想定する製造プロセスにおける特殊プロセス特性の特定<br>・類似製品の FMEA |
| 製品保証計画書<br>（product assurance plan） | ①　製品保証計画書は設計目標を設計要求事項（設計インプット）に変換したものであり、顧客のニーズ・期待にもとづく。<br>②　製品保証計画書には、次の事項を含める。<br>・APQP プログラム要求事項の概要<br>・信頼性・耐久性目標、および要求事項の特定<br>・新技術、複雑さ、材料、適用、環境、梱包、サービスおよび製造要求事項<br>・故障モード影響解析（FMEA）の利用、など<br>③　製品保証計画書は、新製品の設計・開発計画書に相当する。 |
| 経営者の支援 | ①　経営者の製品品質計画会議への参加は、不可欠である。<br>②　APQP の各フェーズの終了時に、経営者に最新情報を提供する。<br>③　APQP の目標は、要求事項が満たされていること、および懸念事項が文書化され、解決のスケジュールが立てられていることを実証することによって、経営者の支援を得ることである。<br>④　必要な生産能力を確保するための経営資源および人員配置に関する、APQP プログラムのスケジュールが含まれる。 |

図 2.7　APQP フェーズ 1（プログラムの計画・定義）のアウトプット

## 製品保証計画書（APQP 計画書）

| | | | | |
|---|---|---|---|---|
| | 承認：20xx-xx-xx　〇〇〇〇 | 作成：20xx-xx-xx　〇〇〇〇 | | |
| | | 改訂：20xx-xx-xx　〇〇〇〇 | | |

| | |
|---|---|
| 開発テーマ | 新製品 XX（品番 xxxx）の開発 |
| 顧客 | 〇〇自動車㈱ |
| チームリーダー | 設計部　〇〇〇〇 |
| APQP チーム | 設計部　〇〇〇〇、営業部　〇〇〇〇、製造部　〇〇〇〇、品質保証部　〇〇〇〇、供給者　〇〇〇〇 |
| 設計の<br>インプット | ・顧客仕様書（〇〇〇〇）　　　　・設計到達目標<br>・顧客指定の特殊特性　　　　　　・信頼性目標・品質目標<br>・打合せ議事録（20xx-xx-xx）　・暫定材料明細表<br>・ベンチマーク　　　　　　　　　・暫定プロセスフロー図<br>・当社類似品仕様書　　　　　　　・関連法規制（〇〇〇〇） |
| 設計の<br>アウトプット | ・設計 FMEA　　　　　　　　　　・プロセスフロー図<br>・製品図面　　　　　　　　　　　・フロアプランレイアウト<br>・製品仕様書　　　　　　　　　　・プロセス FMEA<br>・材料仕様書　　　　　　　　　　・プロセス指示書<br>・設計検証結果　　　　　　　　　・測定システム解析<br>・設計審査結果　　　　　　　　　・工程能力調査結果<br>・特殊製品特性　　　　　　　　　・プロセス指示書<br>・特殊プロセス特性　　　　　　　・コントロールプラン<br>・実現可能性検討報告書　　　　　・APQP 総括書 |

| 設計目標 | 項　目 | 目　標 |
|---|---|---|
| | 特殊特性 A の工程能力 | $C_{pk} > 1.67$ |
| | 製品特性 B の工程能力 | $C_{pk} > 1.33$ |
| | ⋮ | ⋮ |
| | 不良率目標 | $< 1\%$ |
| | 製造コスト | $< 1,000$ 円 |

| APQP<br>日程 | フェーズ | φ 1 開始 | φ 1 終了 | φ 2 終了 | φ 3 終了 | φ 4 終了 | 生産開始 |
|---|---|---|---|---|---|---|---|
| | 計画 | xx-xx-xx | xx-xx-xx | xx-xx-xx | xx-xx-xx | xx-xx-xx | xx-xx-xx |
| | 改訂 | | | | | | |
| | 実績 | | | | | | |

| 備　考 | ・進捗詳細日程は APQP タイミングチャート参照<br>・デザインレビュー会議：毎月 1 日開催（チームリーダー主催） |
|---|---|

### 図 2.8　製品保証計画書（APQP 計画書）の例

| APQPタイミングチャート | | | | | | | | | | |
|---|---|---|---|---|---|---|---|---|---|---|
| 顧客: | | | 製品: | | | | | | | |
| APQPチーム: | | | | | | | | | | |
| 作成日: | | | 改訂日: | | | | | | | |
| 項目(イベント) | 主担当 | | 1 | 2 | 3 | 4 | 5 | 6 | … | 12 |
| ⋮ | | | | | | | | | | |
| フェーズ2 | | | | | | | | | | |
| DFMEA | 計画 | | ▽ | | | ○ | | | | |
| | | | | △ | △ | | | | | |
| | 実績 | | ▼ | | | ● | | | | |
| | | | | ▲ | ▲ | | | | | |
| デザインレビュー | 計画 | | ▽ | | | | ○ | | | |
| | | | | △ | △ | △ | | | | |
| | 実績 | | ▼ | | | | ● | | | |
| | | | | ▲ | ▲ | ▲ | | | | |
| 図面 | 計画 | | | | | ○ | | | | |
| | 実績 | | | | | ● | | | | |
| ⋮ | | | | | | | | | | |
| 実現可能性検討報告書 | 計画 | | | | | | | ○ | | |
| | 実績 | | | | | | | ● | | |
| 経営者の支援 | 計画 | | ○ | | | | | ○ | | |
| | 実績 | | ● | | | | | ● | | |
| フェーズ3 | | | | | | | | | | |
| | | | | | | | | | | |
| ⋮ | | | | | | | | | | |

[記号] ▽開始、○完了、△監視・レビュー、記号の塗りつぶしは実績を示す。

図 2.9 APQP タイミングチャートの例

## 2.3.2　APQP フェーズ 2：製品の設計・開発

　APQP のフェーズ 2 は、製品の設計・開発のフェーズです。前のフェーズ 1 のアウトプットをインプット情報として、フェーズ 2 の最初の段階で、設計 FMEA（故障モード影響解析）を実施して、製品設計のリスク分析を行います。そして設計 FMEA や製品の製造性や組立性を考慮して製品の設計を行い、設計結果に対して設計検証、設計審査などを行います。

　製品の設計・開発の結果、すなわち製品の設計・開発のアウトプットとして、設計 FMEA、製造性・組立性設計、設計検証やデザインレビュー、試作コントロールプラン、図面、技術仕様書、材料仕様書、新規の装置・治工具・施設に関する要求事項、特殊製品特性・特殊プロセス特性、ゲージ・試験装置の要求事項、実現可能性検討報告書などを作成し、最後に経営者の支援を得ます（図 2.10（pp.37 〜 38）参照）。

　ここで設計 FMEA は、フェーズ 2 の最初の段階に行うことが重要です。製品設計・開発の早い段階で FMEA を実施し、その製品のどこに大きなリスクが存在するのかを明確にし、それらのリスクを回避または低減するような製品設計を行うことが必要です。FMEA は、IATF 16949 の要求事項であるから、審査や顧客への提出、または工場移管に間に合うように作成すればよい、という考えでは、効果的な FMEA の実施とはいえません。

　また、製品の設計・開発のフェーズに製造性や組立性の検討が含まれているのは、例えば製品の構造が複雑であったり、使われている部品点数が多かったりすると、製造が困難になる可能性があるからです。製造工程が容易か複雑かは、製品の設計に依存するところが大きく、製造性や組立性について、製品の設計・開発の段階で検討しておくことが必要です。

　フェーズ 2 の最後の段階で、製品の実現可能性（製造フィージビリティ）の検討を行います。この際、製造上の問題点などのリスク分析を含めた検討を行います。実現可能性の検討結果に対して、実現可能性検討報告書（チーム・フィージビリティ・コミットメント）を作成し、経営者の承認を得ます。実現可能性検討報告書の例を図 2.11 に示します。

　経営者の設計・開発プロセスへの参画は、IATF 16949 規格（箇条 8.3.4.1）の

| 項　目 | 内　容 |
|---|---|
| 設計故障モード影響解析（DFMEA） | ①　DFMEA は、発生する可能性のある故障の確率と、その故障が発生した場合の影響を評価するための解析的手法である。 |
| 製造性・組立性を考慮した設計 | ①　設計機能（製品特性）と製造・組立の容易さの関係を最適化することを検討する。 |
| 設計検証 | ①　製品設計の結果（アウトプット）が、APQP フェーズ 1 のアウトプット（APQP フェーズ 2 のインプット）である、顧客要求事項を満たしていることを検証する。 |
| デザインレビュー | ①　デザインレビューは、設計技術部門が主催する、定期的なレビュー会議である。<br>②　デザインレビューには、次の項目に対する評価を含める。<br>・設計・機能要求事項<br>・信頼性の到達目標<br>・コンピュータシミュレーションおよびベンチマークテスト結果<br>・DFMEA<br>・製造性・組立性を考慮した設計のレビュー<br>・実験計画法（DOE）、など |
| 試作コントロールプラン | ①　試作コントロールプランは、試作段階における寸法測定、材料・機能試験について記述したものである。<br>②　次の事項について、試作品をレビューする。<br>・製品・サービスが、要求どおりに仕様書および報告データを満たしていることを保証する。<br>・特殊製品特性・特殊プロセス特性に特別の注意を払う。<br>・暫定的な工程パラメータおよび梱包要求事項を設定する。 |
| 図面<br>（数学的データを含む） | ①　顧客が設計を行った場合でも、組織には図面を検討する責任がある。<br>②　顧客の図面が存在しない場合、組付け、機能、耐久性、および法規制要求事項に影響する特性を決定するために、管理用の図面をレビューする。<br>③　実現可能性および業界の製造・測定規格との一貫性を保証するために、寸法評価を行う。<br>④　（該当する場合）効果的な双方向コミュニケーションを可能にするために、数学的データを顧客のシステムで扱える形にすることを保証する（顧客と共通の CAD の使用など）。 |

図 2.10　APQP フェーズ 2（製品の設計・開発）のアウトプット（1/2）

| 項　目 | 内　容 |
|---|---|
| 技術仕様書 | ①　仕様書の詳細なレビューと理解は、対象となっているコンポーネントまたは組立品の機能、耐久性および外観に関する要求事項を特定するのに役立つ。<br>②　どの特性が機能、耐久性および外観に関する要求事項の満足に影響するかを決定する。 |
| 材料仕様書 | ①　図面・性能仕様書に加えて、物理的性質、性能、環境、取扱いおよび貯蔵の各要求事項に関連する特殊特性について、材料仕様書をレビューする。 |
| 図面・仕様書の変更 | ①　図面および仕様書の変更が必要となる場合、その変更が影響する部門に速やかに伝えられ、適切に文書化されることを確実にする。 |
| 新規の装置・治工具・施設に関する要求事項 | ①　DFMEA、製品保証計画書およびデザインレビューにおいて、新規装置・施設が、生産能力要求事項を満たすことを特定する。<br>②　これらの要求事項をタイミングチャートに追加する。<br>③　新規の装置・治工具が、必要な性能を備え、期日どおりに引渡しが行われることを保証する。<br>④　量産テストの予定期日前に施設が完成することを確実にするために、進捗状況を監視する。 |
| 特殊製品特性・特殊プロセス特性 | ①　APQP フェーズ 1 で特定した、暫定特殊特性のリストを検討する。 |
| ゲージ・試験装置の要求事項 | ①　ゲージ・試験装置に関する要求事項を明確にする。<br>②　これらの要求事項をタイミングチャートに加える。<br>③　要求されるタイミングが満たされていることを保証するために、進捗状況を監視する。 |
| 実現可能性検討報告書および経営者の支援 | ①　製品設計案の実現可能性を評価する。<br>②　顧客が設計した場合でも、組織には設計の実現可能性を評価する義務がある。<br>③　この設計案によって、十分な数量の製品を期日どおりに、顧客に受け入れられるコストで、製造、組立て、試験、梱包および引渡しができるという確信を得る。<br>④　実現可能性検討報告書(チーム・フィージビリティ・コミットメント)の項目参照(図 2.11 参照)。 |

図 2.10　APQP フェーズ 2(製品の設計・開発)のアウトプット(2/2)

（設計・開発プロセスの）"監視"という項目に対応しています。

　品質リスク、コスト、リードタイムを含めて、設計・開発プロセスを監視・分析し、その結果をマネジメントレビューに報告します。

　なお製品の実現可能性の検討は、APQP フェーズ2の製品の設計・開発のアウトプットですが、製品の設計・開発が顧客によって行われており、組織にとっては製品の設計・開発が適用除外となる場合でも、製品の実現可能性の検討を行うことが必要です。

　フェーズ2のこれらのアウトプットは、次のフェーズ3（プロセスの設計・開発)のインプットとなります。

| 実現可能性検討報告書 | | | | |
|---|---|---|---|---|
| | | 日付： | | |
| 顧客名： | | | | |
| 部品名： | | | | |
| 部品番号： | | | | |
| 考察項目 | ① 製品および要求事項が定義されているか？ | | □ Yes | □ No |
| | ② 要求された性能仕様を満たすことができるか？ | | □ Yes | □ No |
| | ③ 図面に指定された許容差で製造できるか？ | | □ Yes | □ No |
| | ④ 要求事項を満たす工程能力で製造できるか？ | | □ Yes | □ No |
| | ⑤ 十分な生産能力はあるか？ | | □ Yes | □ No |
| | ⑥ 効率的な材料取扱手法が使えるか？ | | □ Yes | □ No |
| | ⑦ 下記のコストは問題ないか？ | | | |
| | ・主要設備コスト | | □ Yes | □ No |
| | ・治工具コスト | | □ Yes | □ No |
| | ⑧ 統計的工程管理が要求されるか？ | | □ Yes | □ No |
| | ⑨ 類似製品の統計的工程管理に関して、 | | | |
| | ・その工程は安定しているか？ | | □ Yes | □ No |
| | ・その工程の工程能力 $C_{pk}$ は 1.67 以上か？ | | □ Yes | □ No |
| 結　論 | □実現可能　　　□条件付実現可能　　　□実現不可能 | | | |
| 承　認 | APQP チームメンバー：<br>（署名） | | | |

図 2.11　実現可能性検討報告書の例

## 2.3.3　APQP フェーズ 3：プロセスの設計・開発

　APQP のフェーズ 3 は、プロセス(製造工程)の設計・開発のフェーズに相当します。フェーズ 3 では、プロセスフロー図をレビューし、プロセス FMEA を行って、製造工程設計のリスク分析を行います。そして製品の試作を行い、製造工程設計の結果に対して、設計検証や設計審査などを行います。

　フェーズ 3 のインプットには、製品図面や製品仕様書などの製品設計・開発のアウトプット情報が含まれ、製品の設計・開発が終了した後に、製造工程の設計・開発が開始されると解釈することができますが、APQP プログラムでは、フェーズ 2・3 は同時に進行することもあり、フェーズ 2 の最終的なアウトプットが、フェーズ 3 のインプットになるとは限りません。

　このフェーズのアウトプットには、梱包規格・仕様書、製品・プロセスの品質システムのレビュー、プロセスフロー図、フロアプランレイアウト、特性マトリクス、プロセス FMEA、先行生産(量産試作)コントロールプラン、プロセス指示書、測定システム解析計画書、工程能力予備調査計画書、経営者の支援などがあります(図 2.12(pp.41 〜 42)参照)。

　特性マトリクスは、2 種類の特性の関係を示すマトリクス図で、例えば、横軸に製品特性(出来ばえ特性)、縦軸に製造工程の工程ステップを記載した図などがあり、種々の用途に利用することができます(図 2.15(p.47)参照)。

　先行生産(量産試作)コントロールプランを使用するのは、次のフェーズ 4 の製品・プロセスの妥当性確認における実質的生産のためですが、これをフェーズ 3 の段階で作成しておきます。また同様に、測定システム解析や工程能力予備調査などを行うのは次のフェーズ 4 ですが、フェーズ 3 でそれらの計画書を作成しておきます。

　フロアプランレイアウト(設備の配置図)は、製造設備だけでなく、検査場所、製品の保管場所なども含め、製造管理が確実にできることを示すようにします。また、リーン生産システムを考慮した効率のよい生産ができるように考えます。

　フェーズ 3 のアウトプットは、次のフェーズ 4 (製品・プロセスの妥当性確認)のインプットとなります。

| 項　目 | 内　容 |
|---|---|
| 梱包規格・仕様書 | ①　製品の梱包仕様書は、通常顧客から提示される。<br>②　顧客から提示されない場合、製品が顧客によって使用されるときまで、その完全性を確保する梱包を設計する。<br>③　個々の製品梱包(内部の仕切りを含む)が設計され、開発されていることを確実にする。 |
| 製品・プロセスの品質システムのレビュー | ①　製造事業所の品質マネジメントシステム(品質マニュアルなど)をレビューする。<br>②　製品を生産するために追加の管理や手順変更が必要な場合は更新し、文書化し、コントロールプランに含める。 |
| プロセスフロー図 | ①　プロセスフロー図は、製造・組立プロセスの始めから終わりまでの、機械、材料、方法および人員の変動源の分析に使うことができる。<br>②　プロセスフロー図は、組織の APQP チームがプロセス FMEA を実施し、コントロールプランを作成する際に、プロセスに焦点を絞るのに役立つ。 |
| フロアプランレイアウト | ①　検査地点、管理図の置き場所、ビジュアルエイズ(外観見本など)の適用可能性、応急修理場所および不適合品の保管場所などの重要な管理項目が、適切かどうかを判定するため、フロアプランレイアウトを作成する。<br>②　フロアプランレイアウトは、部材の搬送、取扱いおよびフロアスペースの有効活用という点で最適化する方法で開発する。 |
| 特性マトリクス(characteristics matrix) | ①　特性マトリクスは、工程パラメータと作業工程の関係を表すために推奨される解析的手法である。<br>②　特性マトリクスの例は図 2.15(p.47)参照。 |
| プロセス故障モード影響解析(PFMEA) | ①　PFMEA は、新規または変更された製造工程のリスク評価・分析方法である。<br>②　PFMEA は、新規または変更された製品の潜在的なプロセス問題を予測、解決、または監視することが目的である。 |
| 先行生産(pre-launch、量産試作)コントロールプラン | ①　先行生産(量産試作)コントロールプランは、試作後、かつ量産前に行われる寸法測定および材料・機能試験について記述したものである。<br>②　先行生産コントロールプランには、量産プロセスの妥当性が確認されるまでに実施すべき、追加の製品・プロセスの管理を含む。 |

図 2.12　APQP フェーズ 3(製造工程の設計・開発)のアウトプット(1/2)

| 項　目 | 内　容 |
|---|---|
| 先行生産(量産試作)コントロールプラン(続き) | ③　先行生産コントロールプランの目的は、量産前または量産初期に起こり得る不適合を封じ込めることである。<br>④　先行生産コントロールプランを充実させる項目として、次の例がある。<br>　・検査頻度の増加　　　　　　　　・ロバストな統計的評価<br>　・工程内および最終地点における　・監査の強化<br>　　チェックポイントの増設　　　　・エラー防止機器の特定 |
| プロセス指示書 | ①　プロセス指示書は、作業に直接の責任を負う作業員にとって、十分にわかりやすく詳細に記述されたものとする。<br>②　この指示書は次の情報をもとに作成する。<br>　・FMEA　　　　　　　　　　　　・梱包規格・仕様書<br>　・コントロールプラン　　　　　　・工程パラメータ<br>　・図面、性能仕様書、材料仕様書、・プロセス・製品に関す<br>　　目視標準および業界標準　　　　　る専門性・知識<br>　・プロセスフロー図　　　　　　　・取扱い要求事項<br>　・フロアプランレイアウト　　　　・プロセスの作業員<br>　・特性マトリクス<br>③　標準作業手順に関するプロセス指示書を掲示する。<br>④　これには機械速度、送り、サイクル時間、治工具などの設定パラメータを含める。 |
| 測定システム解析計画書 | ①　必要な測定システム解析の実施計画書を、測定補助具も含めて開発する。<br>②　この計画書には、要求される測定・試験に適した試験所適用範囲、ゲージの直線性、正確さ、繰返し性、再現性、および複製ゲージの相関を確実にする責任を含める。 |
| 工程能力予備調査計画書 | ①　工程能力予備調査計画書を作成する。<br>②　コントロールプランで特定された特性が、この工程能力予備調査計画書の基礎となる。 |
| 経営者の支援 | ①　プロセスの設計・開発段階の終了時に、経営者のコミットメントのためのレビューを行う。<br>②　このレビューは、未解決問題解決の助けとなる支援を得るだけでなく、上層経営陣に情報提供するためにも重要である。<br>③　経営者の支援には、計画内容の確定、ならびに必要な生産能力を満たすための経営資源と人員の提供を含む。 |

**図 2.12　APQP フェーズ 3(製造工程の設計・開発)のアウトプット(2/2)**

## 2.3.4　APQPフェーズ４：製品・プロセスの妥当性確認

　APQP のフェーズ 4 は、製品の設計・開発と製造工程の設計・開発の妥当性確認のフェーズに相当します。前のフェーズ 3（プロセスの設計・開発のフェーズ）のアウトプットが、このフェーズ 4 のインプットとなりますが、フェーズ 2（製品設計・開発プロセス）のアウトプットも、このフェーズのインプットとなることがあります。

　このフェーズでは、前のフェーズで作成した先行生産（量産試作）コントロールプランに従って、実質的生産（量産試作）を行って、次のような種々の評価を行います。

①　製品特性評価（評価用サンプルは量産と同じ条件で製作）

②　測定システム解析（コントロールプランに記載され測定システムに対して実施）

③　工程能力予備調査（特殊特性など、コントロールプランで特定した特性について実施）

④　量産の妥当性確認試験（試験用サンプルは量産と同じ条件で製作）

⑤　梱包評価

　フェーズ 4 のアウトプットとして、図 2.13（pp.44 ～ 45）のフェーズ 4 のアウトプット欄に示すものを作成します。

　フェーズ 4 の最終段階で、量産コントロールプランを作成します。量産コントロールプランができれば、これまでの APQP のアウトプットを、顧客に提出できるようにまとめて、顧客に PPAP（生産部品承認）を提出し、顧客の承認を得ます。

　そして最後に、経営者の参画を得て、製品品質計画総括書を作成し、組織としての最終的な承認（先行製品品質計画承認、APQP 承認）を得ます。これで、新製品の設計・開発は、ひとまず終了ということになります。

　製品品質計画総括書には、製品特性評価結果、工程能力調査結果、測定システム解析結果などが含まれます（図 2.14 参照）。

　フェーズ 4 のアウトプットにもとづいて、次のフェーズ 5 の量産が行われます。

| 項　目 | 内　容 |
|---|---|
| 実質的生産<br>(significant production run) | ①　実質的生産は、基本的に量産用治工具、量産設備、量産環境(作業員を含む)、施設、量産用ゲージおよび生産能率を用いて実施する。<br>②　実質的生産の最少数量は、通常顧客が決定する。<br>③　実質的生産のアウトプット製品は、次のために使用される。<br>・工程能力予備調査　　　　・梱包評価<br>・測定システム解析　　　　・初回能力<br>・生産能率実証　　　　　　・品質計画承認署名<br>・プロセスレビュー　　　　・生産部品サンプル<br>・量産の妥当性確認試験　　・マスターサンプル<br>・生産部品承認 |
| 測定システム解析<br>(MSA) | ①　コントロールプランで特定された特性を技術仕様書に照らして評価する際には、指定された監視・測定装置ならびに方法を用いる。<br>②　これらの装置および方法に対して、実質的生産の間またはその実施前に、測定システム評価を行う。<br>③　MSA の詳細については、第6章参照 |
| 工程能力予備調査 | ①　工程能力予備調査を、コントロールプランで特定した特性に対して実施する。<br>②　工程能力予備調査の方法については、第5章参照 |
| 生産部品承認(PPAP、<br>production part approval process) | ①　PPAP の目的は、組織がすべての顧客の技術設計文書・仕様要求事項を適切に理解し、製造プロセスは実際の量産において、指定の生産能率でこれらの要求事項を満たして製品を安定して生産する能力を有している証拠を提供することである。<br>②　PPAP の詳細については、第3章参照 |
| 量産の妥当性確認試験 | ①　量産用の治工具・プロセスで製造された製品が、顧客の技術規格(外観要求事項を含む)を満たしていることの妥当性を確認する。 |
| 梱包評価 | ①　すべての試験出荷および試験方法によって、製品を通常の運送中の損傷や有害な環境要因から保護できるかどうかを評価する。<br>②　顧客が梱包方法を指定する場合でも、組織による評価は必要である。 |

図2.13　APQP フェーズ4(製品・プロセスの妥当性確認)のアウトプット(1/2)

| 項　目 | 内　容 |
|---|---|
| 量産コントロールプラン | ①　量産コントロールプランは、量産段階の製品・プロセスを管理するシステムについて記述した文書である。<br>②　量産コントロールプランは生きた文書であり、常に最新の内容に更新する。<br>③　コントロールプランの内容については、IATF 16949 規格の附属書 A および APQP 参照マニュアルに記載されている。<br>④　量産コントロールプランは、顧客の承認が必要なことが多い。 |
| 品質計画承認署名<br>（quality planning sign-off）および経営者の支援 | ①　APQP チームは製造事業所でレビューを行い、正式な承認署名のための調整を行う。<br>②　製品品質承認署名によって、適切な APQP 活動が完了していることが経営者に示される。<br>③　承認署名は初品出荷の前に行い、次の事項のレビューを含む。<br>・製造プロセスは、プロセスフロー図に従っていることを検証する。<br>・各作業は、コントロールプランに従って実施されていることを検証する。<br>・プロセス指示書にはコントロールプランで規定されたすべての特殊特性が記載されており、またすべての PFMEA の推奨処置が対処されていることを検証する。<br>・プロセス指示書、PFMEA およびプロセスフロー図をコントロールプランと比較する。<br>・コントロールプランにより、特別なゲージ、治具、試験装置または機器が必要とされる場合、ゲージ繰返し性・再現性（ゲージ R&R）ならびに適切な使用について検証する。<br>・要求される生産能力の実証には、量産用のプロセス、装置、および要員を用いる。<br>④　承認署名の完了に際し、APQP プログラムの状況の情報を経営者に伝え、未解決問題に対する経営者の支援を獲得するために、経営者とのレビューを行う。<br>⑤　製品品質計画総括・承認書参照（図 2.14 参照） |

図 2.13　APQP フェーズ 4（製品・プロセスの妥当性確認）のアウトプット（2/2）

| 製品品質計画総括・承認書 | | | |
|---|---|---|---|

日付：
製品名称：　　　　　　　　　　部品番号／改訂：
顧客：　　　　　　　　　　　　製造工場：

1. 工程能力予備調査

| | 要求 $P_{pk}$ | 合格数 | 保留数* |
|---|---|---|---|
| 特殊特性の $P_{pk}$ | | | |

2. コントロールプラン承認（要求される場合）

| 承認済か？ | 承認日 |
|---|---|
| □Yes　□No | |

3. 初回生産サンプル特性分類

| | サンプル数 | 検査済数 | 合格数 | 保留数* |
|---|---|---|---|---|
| 寸法 | | | | |
| 目視 | | | | |
| 試験所 | | | | |
| 性能 | | | | |

4. ゲージおよび試験装置測定システム解析

| | 要求規格値 | 合格数 | 保留数* |
|---|---|---|---|
| 特殊特性 | | | |

5. 工程の監視

| | サンプル数 | 合格数 | 保留数* |
|---|---|---|---|
| 工程監視指示書 | | | |
| 工程シート | | | |
| ビジュアルエイズ | | | |

6. 梱包／出荷

| | 要求事項か？ | 合格か？ | 保留* |
|---|---|---|---|
| 梱包承認 | □Yes　□No | □Yes　□No | |
| 試験出荷 | □Yes　□No | □Yes　□No | |

承認

―――――――――――――　　　―――――――――――――
チームメンバー／役職／日付　　　チームメンバー／役職／日付
＊対応処置計画書を添付

図 2.14　製品品質計画総括・承認書の例

## 2.3.5 APQP フェーズ5：量産・改善

APQP のフェーズ5は、APQP の最後のフェーズで、量産・改善（フィードバック・評価・是正処置）のフェーズに相当します。このフェーズでは、フェーズ4のアウトプットである量産コントロールプランと作業指示書などに従って量産を行い、APQP プログラムの有効性を評価し、継続的な改善を行います。

このフェーズのアウトプットには、次のものがあります（図2.16 参照）。

① 変動の減少

…管理図の活用や工程能力指数評価などの SPC 技法の活用による、製造工程のばらつきとムダの継続的低減

② 顧客満足の向上

…いわゆる QCD（品質、コスト、納期）項目の改善による顧客満足の継続的改善

③ 引渡しおよびサービスの改善

…引渡し後のサービスの向上

④ 学んだ教訓・ベストプラクティスの効果的な利用

…情報のフィードバックと活用

| 工程* ＼ 特性 | 寸法A | 寸法B | 特性C | 特性D | 特性E |
|---|---|---|---|---|---|
| 工程1 | | | | | |
| 工程2 | ○ | | | | |
| 工程3 | | | ○ | | |
| 工程4 | | ○ | | | |
| 工程5 | | | | | ○ |
| 工程6 | | | | ○ | |
| 工程7 | ○ | | | | |

［備考］ ＊はプロセスフローチャートの工程ステップを示す。

図2.15 特性マトリクスの例

　新製品の設計・開発段階だけでなく、量産段階の製造工程の変動の縮小と顧客満足の改善などの、量産段階における継続的な改善活動を含んでいることが、APQP の特徴です。量産開始後においても、製造工程のばらつきとムダを継続的に改善するためには、管理図や工程能力などの統計的手法を用いて、変動の特別原因をなくすとともに、変動の共通原因についても継続的に低減することが必要です。

| 項　目 | 内　容 |
|---|---|
| 変動の減少 | ①　工程変動を減少させるツールとして、管理図などの統計的手法を用いる。<br>②　継続的改善を進めるためには、変動の特別原因だけでなく、共通原因の理解およびこれらの変動源を減少させる方策を追求する。<br>③　共通原因を減少させ、除去することによって、コスト削減という付加的な利益が得られる。<br>④　品質を改善し、コストを削減するために、組織は価値分析や変動の減少というツールを利用する。 |
| 顧客満足の向上 | ①　製品・サービスの詳細な計画活動および実証された工程能力は、顧客満足の重要な構成要素である。 |
| 引渡しおよびサービスの改善 | ①　顧客による部品交換やサービス業務も、品質、コスト、引渡しに関する要求事項を満たさなければならない。<br>②　到達目標は初回品質である。しかし、市場で問題または不具合が発生した場合、組織と顧客は、問題を是正するために、効果的なパートナーシップを組むことが不可欠である。 |
| 学んだ教訓・ベストプラクティスの効果的な利用 | ①　学んだ教訓やベストプラクティスの一覧は、知識の獲得、保持、応用に役立つ。<br>②　学んだ教訓・ベストプラクティスへのインプットは、次のものを含む様々な方法から得ることができる。<br>・成功事例・失敗事例（TGR／TGW）のレビュー<br>・保証および他のパフォーマンス指標のデータ<br>・是正処置計画<br>・類似の製品・プロセスの研究<br>・DFMEA および PFMEA の調査 |

［備考］TGR：成功（things gone right）、TGW：失敗（things gone wrong）

**図 2.16　APQP フェーズ 5（量産・改善）のアウトプット**

# 2.4 コントロールプラン

## (1) コントロールプラン

コントロールプラン(control plan)は、製品と製造工程の管理方法を記述した文書で、いわゆる QC 工程図に相当するものです。コントロールプランに含める項目は、IATF 16949 規格(附属書 A)で規定されており、その詳細については、APQP 参照マニュアルに記載されています(図 2.18(pp.50 ～ 51)参照)。

さらに IATF 16949 規格では、図 2.17 に示す項目をコントロールプランに含めることを述べています。

コントロールプランは、次の 3 つの段階で作成します。

① 試作コントロールプラン(顧客の要求がある場合に要求事項となる)
② 先行生産(量産試作)コントロールプラン
③ 量産コントロールプラン

製品の製造は、コントロールプランに従って行います。コントロールプランに記載されていることは必ず実施することが必要で、またコントロールプランに記載されていないことを実施してはなりません。コントロールプランは、IATF 16949 において最も重要な文書です(図 2.19(p.52)参照)。

| 箇条番号 | コントロールプランに含める項目 |
|---|---|
| 7.1.5.1.1 | ・測定システム解析(MSA) |
| 8.3.3.3 | ・特殊特性 |
| 8.5.1.1 | ・作業の段取り替え検証<br>・初品・終品の妥当性確認<br>・特殊特性の管理方法<br>・不適合製品が検出された場合の対応計画<br>・工程が統計的に不安定または能力不足になった場合の対応計画 |
| 8.6.2 | ・レイアウト検査および機能試験 |
| 8.7.1.4 | ・手直し確認のプロセス |
| 8.7.1.5 | ・修理確認のプロセス |
| 9.1.1.1 | ・統計的に能力不足または不安定な特性に対する対応計画 |
| 10.2.4 | ・ポカヨケ手法の活用のプロセス、および採用された手法の試験頻度 |

**図 2.17 コントロールプランに含める項目**

| 項　目 | 内　容 |
|---|---|
| コントロールプラン<br>とは | ①　コントロールプランは、製品およびプロセス（製造工程）を管理するためのシステムを記述した文書である。 |
| 3段階のコントロールプラン | ①　試作コントロールプランは、試作段階での寸法測定、ならびに材料・性能試験について記述したものである。 |
| | ②　先行生産（量産試作）コントロールプランは、試作後、量産前の段階における寸法測定、ならびに材料・性能試験について記述したものである。 |
| | ③　量産コントロールプランは、量産段階における製品・プロセス特性、プロセス管理、試験、測定システムについて総合的に文書化したものである。 |
| コントロールプランの目的 | ①　コントロールプランの目的は、顧客の要求事項に従った優良製品（quality product）の製造を支援することである。<br>②　コントロールプランは、プロセス・製品の変動を最小限に抑えるために用いられる、システムの総括文書である。<br>③　コントロールプランは、プロセスと製品を管理するためのシステムを記述した文書である。<br>④　同じ工場の同じプロセスによって生産される製品ファミリーには、1つのコントロールプランを用いてもよい。<br>⑤　コントロールプランに記述されるのは、プロセスの各段階において必要とされる処置であり、これにはすべてのプロセスアウトプットが管理状態にあることを保証するための受入れ、工程内、出荷および定期的な要求事項を含む。<br>⑥　量産においては、特性の管理に用いられる工程の監視・管理方法をコントロールプランで規定する。 |
| コントロールプランの作成 | ①　コントロールプランは、部門横断チーム（APQP チーム）で作成する。 |
| コントロールプランは生きた文書 | ①　コントロールプランは、製品ライフサイクルを通じて維持され、利用される。<br>②　製品ライフサイクル初期段階のコントロールプランの目的は、プロセス管理の計画を文書化し伝達することである。<br>③　その後、製造現場におけるプロセス管理、および製品の品質確保の要領を示すものになる。<br>④　最終的には、コントロールプランは生きた文書として、適用される管理方法と測定システムを反映していく。 |

図 2.18　コントロールプランの概要（1/2）

| 項　　目 | 内　　容 |
|---|---|
| コントロールプランは生きた文書（続き） | ⑤　コントロールプランは、測定システムおよび管理方法の評価・改善に応じて、更新される。<br>⑥　コントロールプランは、次の場合にレビューし更新する。<br>・不適合製品を顧客に出荷した場合<br>・製品、製造工程、測定、物流、供給元、生産量変更またはリスク分析（FMEA）に影響する変更が発生した場合<br>・顧客苦情および関連する是正処置が実施された場合<br>・定期的に（リスク分析にもとづく設定された頻度で） |
| コントロールプランのインプット情報 | ①　コントロールプランのインプット情報には、次のものがある（図2.21参照）。<br>・プロセスフロー図<br>・システム・設計・プロセス故障モード影響解析<br>・特殊特性<br>・類似部品から学んだ教訓<br>・プロセスに関するチームの知識<br>・デザインレビュー |
| コントロールプランのメリット | ①　品質に関して：<br>・コントロールプランによって、設計、製造および組立てのムダが減り、製品品質が改善される。<br>・この体系的な方式によって、製品・プロセスの徹底的な評価が可能となる。<br>・コントロールプランは、プロセス特性を特定し、変動源（インプット変数）の管理手法を特定する。この変動源は製品特性（アウトプット変数）の変動を引き起こすものである。<br>②　顧客満足に関して：<br>・コントロールプランにより、経営資源の配分を顧客にとって重要な特性に絞ることができる。<br>・これら主要な項目に経営資源を適切に配分することは、品質を低下させることなくコストを削減するのに役立つ。<br>③　情報伝達に関して：<br>・コントロールプランは、生きた文書として、製品・プロセス特性、管理方法および特性の測定に関する変更を明確にし、伝達する。 |

**図2.18　コントロールプランの概要（2/2）**

## コントロールプラン

□試作　□量産試作　■量産

| 項目 | 内容 |
|---|---|
| 組織名 | ○○精機㈱ |
| 製品名 | 自動車部品○○ |
| コントロールプラン番号 | CP-xxx |
| サイト(工場)名／コード | ○○工場／xxxx |
| 発行日付 | 20xx-xx-xx |
| 改訂日付 | 20xx-xx-xx |
| 製品番号 | xxxx |
| 顧客承認・日付 | ○○社○○○○, 20xx-xx-xx |
| 主要連絡先 | ○○部 ○○○○ |
| 顧客名／顧客要求事項 | ○○社／仕様書 xxxx |
| APQPチーム | ○○○○, ○○○○, ○○○○ |
| サイト(工場)長承認・日付 | ○○○○(印), 20xx-xx-xx |
| 技術変更レベル(図面・仕様書番号・日付) | xxxx(xxxx, 20xx-xx-xx) |

| 番号 | 工程名 | 装置・治工具 | 特性 製品 | 特性 工程 | 分類 | 管理方法 仕様・公差 | 測定方法 | 数量 | 頻度 | 管理方法 | 対応計画 是正処置 |
|---|---|---|---|---|---|---|---|---|---|---|---|
| … | … | … | … | … | … | | | | | | … |
| 11 | 研削工程 | 旋盤 | 寸法1 | | … | 105 ± 0.5 | ノギス | 2個 | ロットごと | 図面A | 手順書A |
| 12 | 焼入工程 | 熱処理炉 | | 熱処理温度 | △ | 1000 ± 20 | 温度計 | 連続 | | 手順書B | 手順書B |
| | | | | 熱処理時間 | △ | 10 ± 0.1 | 時計 | | | | |
| | | | 硬度 | | △ | 25 ± 2 | 硬度計 | 2個 | ロットごと | 手順書C | 手順書C |
| 13 | 研磨工程 | 研磨機 | 寸法2 | | △ | 100 ± 0.2 | ノギス | 2個 | ロットごと | 図面B | 手順書A |
| | | | | 寸法2 工程能力 | △ | $C_{pk} \geq 1.67$ | ノギス | 30個 | 1週間ごと | 手順書D | 手順書D |
| … | … | … | … | … | … | | | | | | … |

図2.19　コントロールプランの様式の例

## (2)　コントロールプランのインプット情報

　コントロールプランの各項目は、プロセスフロー図、設計 FMEA、プロセス FMEA、SPC および MSA などをインプット情報として作成することになります（図 2.21 参照）。

　例えば、図 2.10（pp.37 〜 38）に示した APQP のフェーズ 2（製品の設計・開発）のアウトプットを見ると、最初に設計 FMEA（DFMEA）が記載され、設計検証やデザインレビューの後、コントロールプランが記載されています。またフェーズ 3（プロセスの設計・開発）では、プロセスフロー図やプロセス FMEA の後に、先行生産（量産試作）コントロールプランが記載されています（図 2.12（pp.41 〜 42）参照）。そしてフェーズ 4（製品・プロセスの妥当性確認）についても同様です。測定システム解析（MSA）、工程能力予備調査（SPC）などの後、量産コントロールプランが記載されています（図 2.13（pp.44 〜 45）参照）。

　このようにコントロールプランは、APQP の各フェーズ内の最後のアウトプットとして、FMEA、SPC、MSA などの結果を取り入れて作成するようになっています。したがって、これを逆に FMEA、SPC、MSA などを行わずに、先にコントロールプランを作成しようとすると大変です。また、よいコントロールプランを作成することはできません。コントロールプラン作成の手順が重要です。

| 区分 | チェックリスト |
|---|---|
| 製品設計関係 | ・設計 FMEA チェックリスト<br>・設計情報チェックリスト |
| 設備関係 | ・新規の装置、治工具および試験装置チェックリスト |
| 品質関係 | ・製品・プロセス品質チェックリスト |
| 製造工程関係 | ・フロアプラン・チェックリスト<br>・プロセスフロー図チェックリスト<br>・プロセス FMEA チェックリスト<br>・コントロールプラン・チェックリスト |

図 2.20　APQP チェックリスト

**コントロールプラン**

| 番号 | 工程名 | 装置 治工具 | 特性 | | 分類 | 仕様公差 | 管理方法 | | | | 対応計画 是正処置 |
|---|---|---|---|---|---|---|---|---|---|---|---|
| | | | 製品 | 工程 | | | 測定方法 | 数量 | 頻度 | 管理方法 | |
| プロセスフロー | DFMEA | プロセスフロー MSA | DFMEA | PFMEA | DFMEA PFMEA | DFMEA PFMEA | DFMEA PFMEA SPC MSA | PFMEA SPC | | DFMEA PFMEA SPC | PFMEA SPC |

図 2.21　コントロールプランの項目とインプット情報

［備考］DFMEA：設計 FMEA、PFMEA：プロセス FMEA、分類：特殊特性などの識別

# 2.5 APQP の様式

APQP 参照マニュアルには、APQP（先行製品品質計画）とコントロールプランについて記載されていますが、APQP を実施する課程で利用することができる、チェックリストと解析手法の紹介についても含まれています。これらの詳細については、APQP 参照マニュアルをご参照ください（図 2.20（p.53）、図 2.22 参照）。

| 解析手法 | 関係する APQP のフェーズ |
|---|---|
| ・部品組立変動解析 | フェーズ 2 |
| ・ベンチマーキング | フェーズ 1、2 |
| ・特性要因図 | フェーズ 2、3 |
| ・特性マトリクス | フェーズ 2、3 |
| ・クリティカルパス法 | フェーズ 2 |
| ・実験計画法（DOE） | フェーズ 2 |
| ・製造性および組立性を考慮した設計 | フェーズ 2 |
| ・設計検証計画および報告書（DVP&R） | フェーズ 2、3 |
| ・ミス防止法・エラー防止法 | フェーズ 2、3 |
| ・プロセスフロー図法 | フェーズ 3 |
| ・品質機能展開（QFD） | フェーズ 2 |

図 2.22　APQP 解析手法の例

# 第3章

# PPAP：
# 生産部品承認プロセス

　この章では、IATF 16949 規格（箇条 8.3.4.4）の製品承認プロセスに相当する、PPAP（生産部品承認プロセス）およびサービス PPAP（サービス生産部品承認プロセス）について、AIAG の PPAP 参照マニュアルおよびサービス PPAP 参照マニュアルの内容に沿って説明します。

　なお、本書で説明する PPAP およびサービス PPAP 以外に、GM、フォード、FCA US（旧クライスラー）などの各社固有の要求事項があります。

　詳細については、それぞれの参照マニュアルおよび各社の顧客固有の要求事項をご参照ください。

# 3.1　PPAP とは

　生産部品承認プロセス(PPAP)とは、製品に対する顧客の承認手順のことです。PPAPの呼び名に関して、PPAP参照マニュアルでは、生産部品承認プロセス(production part approval process)と呼んでいますが、IATF 16949規格では、製品承認プロセス(product approval process)と呼んでいます(図3.1 参照)。

　PPAP は、生産部品、サービス部品、生産材料またはバルク材料を供給する、社内・社外の組織の生産事業所(製造サイト)に適用されます。なお、バルク材料やサービス部品に対しては、少し異なる PPAP 要求事項があり、本章の3.6節および3.9節で説明します。

　製品と製造工程の両方が PPAP の対象となり、供給者の製品(組織の部品・材料)とその製造工程も PPAP の対象となります。生産部品承認プロセスはまた、製品や製造工程を変更した場合や、製品の特別採用など、すでに顧客に承認されているものと異なる内容の製品や製造工程に対しても適用されます。

　PPAP は、顧客がアメリカのビッグスリーの場合は、本書で述べる AIAG の PPAP 参照マニュアルに従います。それ以外の顧客に対しては、それぞれの顧客の要求に従うことになります。

　PPAP の目的は、顧客要求事項を満たす製品を、所定の生産能率で製造する能力をもっていることを判定するためです。したがって、PPAP のための評価用のサンプルは、量産と同じ条件(生産事業所、設備、製造工程、材料、作業員)で製造することが必要です。また PPAP 用サンプル製品の個数は、原則として1時間〜8時間の操業時間で、連続300個以上とします。

# 3.2　PPAP 要求事項の扱い

　PPAP 要求事項の扱いに関して、PPAP の顧客への提出(submit)・承認(approve)が必要な場合と、PPAP の顧客への通知(notify)が必要な場合に分けることができます。それぞれの場合のケースと対象となる製品および手順について、図3.2 に示します。

| 項　目 | 内　容 |
|---|---|
| PPAP の呼び名 | ①　IATF 16949 規格では、製品承認プロセス(product approval process)と呼んでいる。<br>②　PPAP 参照マニュアルでは、生産部品承認プロセス (production part approval process)と呼んでいる。 |
| PPAP の目的 | ①　顧客の設計文書および仕様書に示された要求事項を、組織が正しく理解しているかどうかを判定するため。<br>②　製造プロセスが、所定の生産能率における実生産において、要求事項を満たす製品を一貫して製造する能力をもっていることを判定するため。 |
| PPAP の適用範囲 | ①　PPAP は、生産部品、サービス部品、生産材料またはバルク材料を供給する、社内・社外の組織の生産事業所に適用される。 |
| PPAP 対象製品 | ①　PPAP 用の製品は、実質的生産から採取する。<br>②　実質的生産は、顧客の指定がない場合、1 時間から 8 時間の操業時間で、指定される生産個数の合計は連続する 300 個以上とする。<br>③　実質的生産では、量産する事業所において、所定生産能率で、量産用治工具、量産用ゲージ、量産用プロセス、量産用材料および量産を担当する作業員を用いる。 |
| PPAP 要求事項 | ①　PPAP 要求事項および顧客固有の PPAP 要求事項を満たすこと。<br>②　生産部品は、すべての顧客の技術設計文書および仕様要求事項(安全・法規制要求事項を含む)を満たすこと。<br>③　バルク材料の PPAP 要求事項は、バルク材料要求事項チェックリストに規定される。 |
| バルク材料<br>(bulk material) | ①　バルク材料とは、接着剤、シール材、化学薬品、コーティング材、布、潤滑材などの物質(例：非定形固体、液体、気体)のことをいう。<br>②　バルク材料に関しては、部品の数については要求されていない。提出サンプルは、プロセスの定常状態における操業を代表するように採取する。<br>③　バルク材料の PPAP に関しては、3.6 節参照。 |
| PPAP 記録の保管 | ①　PPAP の記録は、その部品(製品)が現行である期間プラス 1 暦年の間保管する。 |

図 3.1　PPAP(生産部品承認プロセス)の概要

| 区分 | 内　容 | |
|---|---|---|
| 顧客へのPPAPの提出(submit)・承認(approve)が必要な場合 | 対象製品 | ① 新しい部品・製品(顧客にとっての新製品)<br>② 以前に提出された部品の不具合の是正<br>③ 生産用製品に対する、設計文書、仕様書または材料の技術変更<br>バルク材料に対して：<br>④ その材料に対して以前使用されたことがなく、その組織にとって新しいプロセス技術 |
| | PPAP提出・承認の手順 | ① 顧客が要求事項を免除しない限り、最初の製品出荷に先立って、PPAP承認を得るために提出する。 |
| 顧客へのPPAPの通知(notify)が必要な場合 | 対象製品 | ① 以前に承認された部品・製品に用いられたものとは異なる構造・材料の使用<br>② 新規または修正された治工具(消耗性治工具を除く)、金型、鋳型、パターン等による生産(治工具の追加・取替を含む)<br>③ 現在の治工具または装置のアップグレードまたは再配置後の生産<br>④ 異なる生産事業所から移設された治工具・装置による生産<br>⑤ 部品、非等価材料またはサービス(例：熱処理、メッキ)の供給者の変更<br>⑥ 量産に使用されない期間が12ヵ月以上あった治工具で製造される製品<br>⑦ 社内で製造または供給者が製造する、生産部品のコンポーネントに関係する製品・プロセスの変更<br>⑧ 試験・検査方法の変更－新技術(合否判定基準に影響を与えない場合)<br>バルク材料に対して：<br>⑨ 新規または既存の供給者からの原材料の新規供給<br>⑩ 製品外観属性の変更 |
| | PPAP通知・承認の手順 | ① 設計、プロセスまたは生産事業所に対する計画された変更について、顧客に通知する。<br>② 提案された変更が通知され、顧客によって承認され、そしてその変更が実施された後に、PPAP提出が要求される。 |

**図3.2　PPAP要求事項の扱い(提出・承認と通知)**

# 3.3 PPAP 要求事項

PPAP 要求事項の項目(18 項目)とその内容を、図 3.3(pp.61 ～ 63)に示します。APQP のアウトプットが並んでいることがわかります。なおバルク材料に関しては、少し異なる PPAP 要求事項があり、3.6 節で説明します。

| 項　目 | 内　容 |
|---|---|
| 製品設計文書 | ①　製品図面、製品仕様書などの文書<br>②　その製品に使われる部品についての設計文書を含む。<br>③　設計文書が電子媒体の場合、測定箇所を明記したハードコピーを添付する。 |
| 技術変更文書(顧客承認) | ①　設計文書には反映されていないが、製品、部品または治工具に組み入れられた技術変更に対する顧客承認の文書 |
| 顧客技術部門承認 | ①　要求事項のうち、事前に顧客の技術部門の承認を得ている場合は、その証拠 |
| 設計 FMEA | ①　顧客指定の要求事項(例：FMEA 参照マニュアル)に従った設計 FMEA |
| プロセスフロー図 | ①　製造プロセスのステップと、つながりを明記したプロセスフロー図 |
| プロセス FMEA | ①　顧客指定の要求事項(例：FMEA 参照マニュアル)に従ったプロセス FMEA |
| コントロールプラン | ①　製造工程の管理に用いるすべての方法を規定した、顧客指定の要求事項(例：APQP 参照マニュアル、IATF 16949 規格附属書 A)に適合したコントロールプラン |
| 測定システム解析(MSA) | ①　新規または変更されたゲージ、測定および試験装置のすべてに対して、適切な MSA 調査を行う。<br>②　MSA 調査の方法には、例えば、ゲージ R&R、偏り、直線性、安定性調査などがある(MSA 参照マニュアル参照)。<br>③　コントロールプランに記載された測定システムが、MSA 調査の対象となる。 |
| 寸法測定結果 | ①　設計文書およびコントロールプランに規定された、すべての寸法について、寸法検査を実施する。<br>②　各製造プロセス(例：セルまたは生産ライン、およびキャビティ、鋳型、パターンまたは金型)ごとに寸法測定を行う。 |

図 3.3　PPAP 要求事項(1/3)

| 項　目 | 内　容 |
|---|---|
| 寸法測定結果(続き) | ③　寸法検査に対する要求事項は、IATF 16949 規格(箇条 8.6.2)ではレイアウト検査として規定されている。 |
| 材料試験・性能試験結果 | ①　次の各要求事項が、設計文書またはコントロールプランで規定されている場合、すべての製品・材料に対して試験を行う。<br>・化学的、物理的または冶金的要求事項<br>・性能・機能に関する要求事項 |
| 初期工程調査 | ①　顧客または組織が指定したすべての特殊特性に対して、初期工程能力($C_{pk}$)または初期工程性能($P_{pk}$)の調査を行う。<br>②　PPAP 提出に先立って、初期工程能力・初期工程性能評価のための指標に対する顧客の同意を得る。<br>③　$\overline{X}-R$ 管理図を用いて調査が可能な特性については、連続した 100 個以上(サブグループ 25 以上)のサンプルを用いる。<br>④　安定した工程の初期工程調査結果を評価するために、次の合否判定基準を用いる。<br><br>_(下表参照)_<br><br>⑤　不安定な工程は顧客の要求事項を満たさない。PPAP 提出に先立って、変動の特別原因を調査・評価し、(また可能な場合は)除去する。不安定な工程があれば顧客代表に通知し、PPAP 提出前にその是正処置計画を顧客に提出する。<br>⑥　初期工程能力($C_{pk}$)および初期工程性能($P_{pk}$)評価の方法については、SPC 参照マニュアルおよび本書の第 5 章参照。 |
| 有資格試験所文書 | ①　試験所(laboratory)とは、製品の検査、試験または測定機器の校正を行う施設をいう。<br>②　試験所には、内部試験所(組織内部の試験所)と外部試験所があり、それぞれに対する要求事項は、IATF 16949 規格(箇条 7.1.5.3)に規定されている。<br>③　PPAP のための検査・試験は、顧客要求事項で定められているとおり、有資格試験所(例：認定試験所)で実施する。 |

(初期工程調査 ④ の表)

| 結　果 | 解　釈 | |
|---|---|---|
| $C_{pk}(P_{pk})>1.67$ | 工程は合否判定基準を満たしている。 | |
| $1.33 \leqq C_{pk}(P_{pk}) \leqq 1.67$ | 工程は受入れ可能とされる場合がある。 | 調査結果内容の確認のため、顧客代表に連絡する。 |
| $C_{pk}(P_{pk})<1.33$ | 工程は合否判定基準を満たしていない。 | |

**図 3.3　PPAP 要求事項(2/3)**

| 項　目 | 内　容 |
|---|---|
| 有資格試験所文書（続き） | ④　（組織内部・外部の）有資格試験所は、試験所適用範囲、および実施される測定・試験の種類に対して、その試験所が資格認定されていることを示す文書を準備する。 |
| 外観承認報告書（appearance approval report、AAR） | ①　外観承認報告書は、顧客から外観品目として指定された製品に対して要求される。外観品目に対する要求事項は、IATF 16949 規格（箇条 8.6.3）に規定されている。<br>②　設計文書において製品の外観要求事項が指定された場合、個々の製品ごとに、外観承認報告書（AAR）を作成する。<br>③　AAR と生産部品の代表サンプルを、顧客の指定に従って提出し、判定を受ける。 |
| 製品サンプル | ①　顧客の評価用のサンプルを、顧客の指定どおり提供する。<br>②　サンプルは、量産と同じ製造工程で製造する。 |
| マスターサンプル | ①　マスターサンプル（標準サンプル）は、マスターサンプルであることがわかるように識別し、顧客承認日付を表示する。<br>②　マスターサンプルは、PPAP の記録と同じ期間保管する。 |
| 検査補助具 | ①　検査補助具とは、製品の検査に使用する製品固有の検査治工具をいう。<br>②　（顧客から要請のある場合）検査補助具を、PPAP 提出に添えて提出する。<br>③　検査補助具は、その妥当性を確認し、製品寿命期間中は適切に予防保全を行う。<br>④　顧客要求事項に従って MSA 調査を行う。 |
| 顧客固有要求事項適合記録 | ①　すべての顧客固有要求事項に適合している記録を維持する。<br>②　バルク材料に関しては、適用される顧客固有要求事項をバルク材料要求事項チェックリストに記載する。 |
| 部品提出保証書（part submission warant、PSW） | ①　すべての PPAP 要求事項が完了した際、部品提出保証書（PSW）を顧客に提出して、承認を得る。<br>②　生産部品が 2 つ以上のキャビティ、鋳型、治工具、金型、パターンまたは生産プロセスから製造される場合、その各々から 1 つの部品について完全な寸法評価を行う。 |
| バルク材料チェックリスト | ①　バルク材料に関しては、PPAP 参照マニュアルの附属書 F "バルク材料固有要求事項" に規定された要求事項に従う。 |

［備考］　類似製品ファミリーに対して、設計 FMEA、プロセス FMEA、プロセスフロー図およびコントロールプランは、それぞれファミリーとして作成してもよい。

図 3.3　PPAP 要求事項(3/3)

# 3.4 PPAP の提出・承認レベル

　PPAP の提出・承認レベルは、図 3.4 に示すように 5 つに区分されています。また、PPAP 要求事項の項目と顧客の承認レベルの関係を図 3.5 に示します。PPAP の各要求事項のそれぞれに対して、次の 3 つの区分があります。

① 顧客の承認のために、顧客への提出が必要なもの

② 顧客の要請があれば、顧客への提出・承認が必要なもの

③ 顧客の要請があれば顧客が利用できるように、保管することが必要なもの

　図 3.5 に示した顧客の承認レベル 1 〜 5 のうちのいずれを適用するかは、顧客によって指定されます。この図から、S（submit、顧客の承認が必要）が最も厳しく、R（retain、保管しておけばよい）が最も緩いことがわかります。顧客からの指定がない場合は、最も厳しいレベル 3 を標準レベルとして適用することになっています。

| 区分 | 内　容 |
|---|---|
| レベル 1 | 部品提出保証書（PSW）のみを顧客に提出（指定された外観品目については外観承認報告書も） |
| レベル 2 | 部品提出保証書に製品サンプルおよび支援データの一部を添えて顧客に提出 |
| レベル 3 | 部品提出保証書に製品サンプルおよび完全な支援データを添えて顧客に提出 |
| レベル 4 | 部品提出保証書およびその他顧客により規定されたものを顧客に提出 |
| レベル 5 | 部品提出保証書に製品サンプルおよび完全な支援データを添えたものを組織の製造場所で確認 |

［備考］
① 上記の表で分類されるレベルで規定された品目および記録を提出する。
② 各提出レベルの提出・承認要求事項については、図 3.5 参照
③ 顧客が別途定めない場合は、レベル 3 を標準レベルとして適用する。
④ バルク材料に関する最低提出要求事項は、部品提出保証書とバルク材料チェックリスト（図 3.9（p.69）参照）である。

図 3.4　PPAP 提出・承認レベル

なお、図 3.5 において、製品設計文書に関して記載されている "組織が専有権をもつ場合" とは、組織が特許・ノウハウなどの独占権を所有し、詳細内容を顧客に開示できない設計の場合です。この場合は、特許・ノウハウなどの詳細内容を顧客に開示する代わりに、組付け時の合い(嵌合、うまくはまること、fit)、機能(性能、耐久性を含む)などについて、組織と顧客が共同でレビューすることが必要となります。

| | 提出・承認レベル 要求事項 | レベル1 | レベル2 | レベル3 | レベル4 | レベル5 |
|---|---|---|---|---|---|---|
| 1 | 製品設計文書 | R | S | S | X | R |
| | ・組織が専有権をもつ場合 | R | R | R | X | R |
| 2 | 技術変更文書(顧客承認)* | R | S | S | X | R |
| 3 | 顧客技術部門承認* | R | R | S | X | R |
| 4 | 設計 FMEA | R | R | S | X | R |
| 5 | プロセスフロー図 | R | R | S | X | R |
| 6 | プロセス FMEA | R | R | S | X | R |
| 7 | コントロールプラン | R | R | S | X | R |
| 8 | 測定システム解析(MSA) | R | R | S | X | R |
| 9 | 寸法測定結果 | R | S | S | X | R |
| 10 | 材料・性能試験結果 | R | S | S | X | R |
| 11 | 初期工程調査結果 | R | R | S | X | R |
| 12 | 有資格試験所文書 | R | R | S | X | R |
| 13 | 外観承認報告書(AAR)* | S | S | S | X | R |
| 14 | 製品サンプル | R | S | S | X | R |
| 15 | マスターサンプル | R | R | R | X | R |
| 16 | 検査補助具 | R | R | R | X | R |
| 17 | 顧客固有要求事項適合記録 | R | R | S | X | R |
| 18 | 部品提出保証書(PSW) | S | S | S | S | R |
| | バルク材料チェックリスト | S | S | S | S | R |

[備考] S(submit、提出・承認):PPAP を顧客に提出して承認を得ることが必要
X:顧客の要請があれば、PPAP を提出して承認を得ることが必要
R(retain、保管):顧客が利用できるように、PPAP を保管しておくことが必要
*:該当する場合に要求事項となる。
・顧客からの指定がない場合は、レベル 3 を標準レベルとして適用する。

図 3.5 PPAP 要求事項と提出・承認レベル

PPAP を顧客に提出する際には、部品提出保証書(part submission warrant、PSW)に、図 3.5 に示したその他の必要なものを添付して提出します。

部品提出保証書、外観承認報告書(AAR)などの PPAP 提出のための標準様式は、PPAP 参照マニュアルに記載されています。部品提出保証書の例を図3.7 に示します。

## 3.5　PPAP の顧客承認

PPAP を顧客に提出した後、顧客による評価の結果、顧客から、PSW に結果が通知されます。結果は、承認、暫定承認、リジェクト(非承認)に区分されます(図 3.6 参照)。

| 承認状態 | 内　容 |
|---|---|
| 承　認 | ①　顧客からの納入指示に従って、注文数量の製品を出荷することが許可される。 |
| 暫定承認 | ①　生産要求事項に対して、限定された期間または数量の製品の出荷が許可される。<br>②　暫定承認は、次の場合に組織に与えられる。<br>・承認の障害となった不適合を明確に特定し、かつ、<br>・顧客の同意を得た対応処置計画が作成された場合<br>③　"承認"の状態を得るためには、PPAP の再提出が要求される。 |
| リジェクト<br>(非承認) | ①　顧客の要求事項を満たしていない。<br>②　製品およびプロセスを、顧客要求事項を満たすよう是正することが必要となる。 |

**図 3.6　PPAP 顧客承認状態**

| 部品提出保証書(PSW) | |
|---|---|
| 部品名： | 顧客部品番号： |
| 図面番号： | 組織部品番号： |
| 技術変更レベル： | 日付： |
| 追加技術変更： | 日付： |
| 安全・政府規制： □ Yes □ No | 購買注文書番号： 重量： |
| 検査補助具番号： | 検査補助具技術変更レベル： 日付： |
| 組織製造情報： | 顧客提出情報： |
| 組織名称： | 顧客名称 / 部門： |
| サプライヤー / ベンダーコード： | バイヤー / バイヤーコード： |
| 組織の所在地： | 適用： |

**材料報告**
顧客が要求する懸念物質に関する情報報告の有無： □ Yes □ No □ na
(IMDS またはその他顧客書式により提出)：
ポリマー部品の ISO コード識別の有無： □ Yes □ No □ na

**PPAP 提出理由**

| | |
|---|---|
| □新規提出 | □構造・材料の変更 |
| □技術変更 | □供給者・材料ソースの変更 |
| □治工具：移送、置換、再研磨、追加 | □部品加工処理の変更 |
| □不具合の是正 | □他の場所で製造された部品 |
| □治工具 1 年以上不使用 | □その他 |

**要求される提出レベル**
□レベル 1 □レベル 2 □レベル 3 □レベル 4 □レベル 5
(各レベルの提出文書については、図 3.5 参照)

**提出結果**
□寸法測定 □材料および機能試験 □外観基準 □統計的工程パッケージ
これらの結果は、すべての設計文書要求事項を満たす。 □ Yes □ No
鋳型 / キャビティ / 生産プロセス：

**声明文：(省略)**

組織署名

**顧客使用欄**
PPAP 保証判定：□承認 □暫定承認 □リジェクト
顧客署名

図 3.7 部品提出保証書(PSW)の例

# 3.6　バルク材料固有要求事項

　バルク材料(bulk material)に関しては、通常の製品とは異なる要求事項が、PPAP 参照マニュアルの附属書 F “バルク材料固有要求事項” に規定されています。バルク材料固有要求事項のポイントを図 3.8 に示します。

| 項　目 | 内　容 |
|---|---|
| バルク材料<br>bulk material | ・バルク材料とは、接着剤、シール材、化学薬品、コーティング材、布、潤滑油などの非定形物質(液体、粉体、粒体など)のこと |
| バルク材料要求事項チェックリスト | ・「バルク材料要求事項チェックリスト」の例を図 3.9 に示す。 |
| 設計マトリクス | ・設計マトリクス(一般塗料)の例を図 3.10(p.70)に示す。<br>・設計マトリクスの横軸には機能を、また縦軸には潜在的原因としての設計項目をリストアップし、処方原料、原料特性、製品特性、工程制約条件、および顧客使用状況の相互関係を明確にし、強い悪影響を与える潜在的原因について、設計 FMEA で分析することができる。 |
| FMEA | ・第 4 章 FMEA に記した、影響度(S)、発生度(O)、および検出度(D)の評価基準を、バルク材料に適用することは必ずしも適切でない場合がある。<br>・バルク材料に使いやすい評価基準を、それぞれ図 3.11 〜図 3.16(pp.71 〜 73)に示す。 |
| 特殊特性 | ・特殊特性を明確化するための、材料から最終製品までのフローの例を図 3.17(p.74)に示す。 |
| 測定システム解析<br>(MSA) | ・バルク材料では、測定は実質上破壊的であることが多く、そのため同一サンプルを繰り返し試験することができない。<br>・バルク材料では、偏り、直線性、安定性、およびゲージ R&R に代わり、標準化された試験方法(例：ASTM、AMS、ISO)がしばしば使用される。 |
| 暫定承認 | ・PPAP を顧客に提出した結果、正式な承認が得られず、“バルク材料暫定承認” が認められる場合がある。<br>・その場合の書式の例を図 3.18(p.75)に示す。 |

**図 3.8　バルク材料固有要求事項のポイント**

バルク材料要求事項チェックリストの例を図3.9に示します。これらのうち、顧客に要求されたものが要求事項となります。

一般製品に比べて、設計マトリクス、特殊製品特性、試作品コンロールプラン、特殊工程特性、先行生産コントロールプラン、暫定承認、顧客工場との関連、供給者に対する懸念などが追加されています。

| バルク材料要求事項 | | 要求期日 目標期日 | 責任者 | | コメント 条件 | 承認者 承認日 |
|---|---|---|---|---|---|---|
| | | | 顧客 | 組織 | | |
| 製品設計・開発検証 | 設計マトリクス | | | | | |
| | 設計FMEA　＊ | | | | | |
| | 特殊製品特性 | | | | | |
| | 設計文書　＊ | | | | | |
| | 試作品コンロールプラン | | | | | |
| | 外観承認報告書　＊ | | | | | |
| | マスターサンプル　＊ | | | | | |
| | 試験結果　＊ | | | | | |
| | 寸法測定結果　＊ | | | | | |
| | 検査補助具　＊ | | | | | |
| | 技術部門承認　＊ | | | | | |
| プロセス設計・開発検証 | プロセスフロー図　＊ | | | | | |
| | プロセスFMEA　＊ | | | | | |
| | 特殊工程特性 | | | | | |
| | 先行生産コントロールプラン | | | | | |
| | 量産コントロールプラン　＊ | | | | | |
| | 測定システム解析　＊ | | | | | |
| | 暫定承認 | | | | | |
| 製品・プロセス妥当性確認 | 初期工程調査　＊ | | | | | |
| | 部品提出保証書（PSW）＊ | | | | | |
| その他 （必要な場合） | 顧客工場との関連 | | | | | |
| | 顧客固有要求事項　＊ | | | | | |
| | 変更の文書化　＊ | | | | | |
| | 供給者に対する懸念 | | | | | |
| 計画承認者：氏名／部門： | | | 会社名／役職／日付： | | | |

［備考］＊：一般製品のPPAP要求事項に含まれている項目

**図 3.9　バルク材料要求事項チェックリストの例**

製品コード・種類：　　　　　　　　　　　　　　プロジェクト#：

| 暫定特殊特性 | 分類区分 | 分類区分・特性 | 閾値範囲外れ | ロスト範囲閾値範囲 | 単位 | 注気がれイメージ | 光沢イメージ | 色ビビットイメージ | カラーマッチ | 促進耐久性 | 耐久性フロリダ | 適合MFSS | 耐タレ性F | 霧状化・ | 粘状性・ | 修補加工性 | VOC許容範囲内 | HAPSの遵守 |
|---|---|---|---|---|---|---|---|---|---|---|---|---|---|---|---|---|---|---|
| | | | | | | **外観** | | | | **パフォーマンス** | | | | **処理性** | | **環境** | | |
| | 処方原料 | 樹脂A | < | 40% | 結合剤固形分 | 3 | 1 | | 0 | 2 | 3 | 1 | 2 | 1 | | 1 | 1 | 1 |
| | | | > | 50% | 結合剤固形分 | 3 | 1 | | 0 | 2 | 2 | 2 | 2 | 1 | | 1 | 1 | 1 |
| | | 樹脂B | < | 25% | 結合剤固形分 | 1 | 1 | | 1 | 2 | 2 | 2 | 1 | 1 | | 2 | 1 | 1 |
| | | | > | 35% | 結合剤固形分 | 1 | 2 | | 1 | 2 | 2 | 2 | 2 | 1 | | 2 | 1 | 2 |
| | | クロスリンカー | < | 20% | 結合剤固形分 | 1 | 2 | | 0 | 2 | 2 | 2 | 1 | 1 | | 2 | 1 | 1 |
| | | | > | 30% | 結合剤固形分 | 1 | 1 | | 1 | 1 | 1 | 1 | 3 | 2 | | 1 | 1 | 1 |
| SP | | 流動性調整添加剤 | < | 0.5% | 全固形分 | 1 | 1 | | 3 | 2 | 2 | 2 | 3 | 3 | | 1 | 1 | 1 |
| | | | > | 2.5% | 全固形分 | 2 | 2 | | 1 | 2 | 2 | 2 | 2 | 2 | | 1 | 1 | 1 |
| | | 色ばらつき－B | < | 1.0% | 全固形分 | 3 | 1 | | 3 | 1 | 2 | 2 | 3 | 2 | | 2 | 3 | 3 |
| | | | > | 2.0% | 全固形分 | 2 | 1 | | 1 | 1 | 1 | 1 | 2 | 2 | | 1 | 1 | 1 |
| | | 溶剤 D | < | 5% | 製法重量 | 3 | 1 | | 0 | 1 | 1 | 2 | 3 | 2 | | 2 | 3 | 3 |
| | | | > | 15% | 製法重量 | 2 | 1 | | 1 | 1 | 2 | 3 | 1 | 2 | | 1 | 1 | 3 |
| | | アルコール溶剤 | < | 2% | 製法重量 | 1 | 1 | | 1 | 1 | 1 | 1 | 1 | 1 | | 1 | 1 | 1 |
| | | | > | 4% | 製法重量 | 3 | 2 | | 0 | 2 | 2 | 1 | 2 | 2 | | 2 | 2 | 3 |
| | 材料特性 | 樹脂A－粘性 | < | 20% | ポアズ | 2 | 1 | | 1 | 1 | 2 | 2 | 3 | 3 | | 1 | 0 | 1 |
| SP | | クロスリンカーイミノ基 | < | 1% | %モル | 1 | 1 | | 0 | 0 | 1 | 3 | 1 | 3 | | 2 | 0 | 0 |
| | | | > | 10% | %モル | 1 | 1 | | 1 | 1 | 1 | 1 | 1 | 1 | | 1 | 1 | 1 |
| SP | 製品特性 | 粘性 | < | 30% | #4フォードカップ | 2 | 2 | | 2 | 2 | 1 | 1 | 3 | 3 | | 1 | 1 | 1 |
| | | | > | 40% | %NV | 1 | 1 | | 3 | 3 | 1 | 1 | 2 | 3 | | 1 | 3 | 1 |
| SP | | NV固形分% | < | 57% | %NV | 1 | 1 | | 1 | 1 | 0 | 0 | 2 | 2 | | 1 | 1 | 1 |
| | | | > | 61% | | 1 | 1 | | 0 | 0 | 0 | 0 | 2 | 3 | | 1 | 1 | 1 |
| | | 抵抗率 | < | 0.01 | メガオーム | 2 | 1 | | 2 | 2 | 1 | 1 | 2 | 3 | | 1 | 1 | 1 |
| | 工程制約 | バッチ混合温度 | < | 70 | 華氏 | 1 | 1 | | 1 | 2 | 1 | 1 | 1 | 1 | | 1 | 1 | 1 |
| | | | > | 110 | 華氏 | 2 | 1 | | 2 | 2 | 2 | 2 | 3 | 3 | | 2 | 2 | 1 |
| | | クリア前フラッシュ時間 | < | 1 | 分 | 3 | 2 | | 2 | 2 | 1 | 1 | 1 | 0 | | 1 | 1 | 0 |
| | 使用条件 | | > | 3 | | 2 | 1 | | 3 | 3 | 3 | 3 | 3 | 0 | | 3 | 2 | 0 |
| SP | | 最終焼成温度 | < | 250 | 華氏 | 2 | 2 | | 3 | 2 | 3 | 3 | 2 | 1 | | 3 | 1 | 0 |
| | | | > | 275 | 華氏 | 3 | 1 | | 3 | 3 | 2 | 3 | 2 | 0 | | 3 | 2 | 1 |

[備考] 顧客期待に及ぼす悪影響：　大＝3、中＝2、小＝1、なし＝0

**図 3.10　設計マトリスクの例**

| S | 影響度(厳しさ、severity)の基準 | |
|---|---|---|
| | 最終顧客(例：自動車購入者) | 直接顧客(例：自動車メーカー) |
| 10 | 所有者安全性問題 | 工場安全性問題 |
| 9 | | リコールの可能性 |
| 8 | 重大な所有者不満足<br>(所有者忠誠心を失う) | 生産ライン停止 |
| 7 | | 保証コスト、廃車、規制罰則 |
| 6 | 中程度の所有者不満足<br>(不便を感じる) | |
| 5 | | 中程度の手直し<br>(例：20% 未満または中程度の補修) |
| 4 | 軽微な所有者不満足<br>(少し不都合を感じる) | 工場不満足 |
| 3 | | 軽微な手直し<br>(例：10% 未満または単純な補修) |
| 2 | | |
| 1 | | |

図 3.11　設計 FMEA 評価基準－影響度(S)

| O | 発生度(発生頻度、occurence)の基準 | |
|---|---|---|
| | 故障の発生頻度 | 証　拠 |
| 10 | | 特に根拠なし |
| 9 | 高 | 想定 |
| 8 | (繰り返される故障) | 想定 |
| 7 | | 実経験あり |
| 6 | 中 | 想定 |
| 5 | | 想定 |
| 4 | (ときどき生じる故障) | 実経験あり |
| 3 | 低 | 想定 |
| 2 | | 想定 |
| 1 | (ほとんど生じない故障) | 実経験あり |

図 3.12　設計 FMEA 評価基準－発生度(O)

| O | 検出度(detection)の基準 | |
|---|---|---|
| | 試験方法 R&R | 設計管理による検出 |
| 10 | > 100% | 証拠なし |
| 9 | | 想定／経験 |
| 8 | | 選別試験 |
| 7 | | DOE(応答表面解析、response surface analysis) |
| 6 | 30% - 100% | 想定／経験 |
| 5 | < 30% | |
| 4 | 30% - 100% | 選別試験 |
| 3 | < 30% | |
| 2 | 30% - 100% | DOE(応答表面解析) |
| 1 | < 30% | |

**図 3.13　設計 FMEA 評価基準ー検出度(D)**

| S | 影響度(厳しさ、severity)の基準 | | |
|---|---|---|---|
| 10 | 非常に高い | 安全性に関する問題の発生、または法規制違反となる可能性がある。 | |
| 9 | | 潜在的故障モードは、使用現場での故障結果を招く可能性がある。 | |
| 8 | 高い | 故障の性質による顧客不満足が高い。 | |
| 7 | | 製品の後続プロセスに深刻な混乱を引き起こす可能性があり、また販売仕様を満たさない製品となり得る可能性もある。顧客からの苦情や製品の返品という結果を招く。故障は顧客による最終製品試験の間に検出される可能性が高い。 | |
| 6 | 中程度 | 故障は顧客不満足を引き起こす可能性があり、また顧客からの苦情または販売期間の制限という結果を招く恐れがある。この材料を適応させるために顧客のプロセスを修正または調整する必要が生じ得る。 | 問題は後続プロセスで検出される。 |
| 5 | | | 問題は当該プロセスで検出される。 |
| 4 | | | 問題は受入検査または使用前に検出される。 |
| 3 | 低い | 顧客の軽微な煩わしさを引き起こす故障 | |
| 2 | | 顧客は製品に対して、または製品の加工処理中にわずかな劣化および不便さに気付く。 | |
| 1 | 非常に低い | 故障の性質は軽微であり、製品および顧客がそれを加工処理する際に、実質的な影響はない。顧客がこの故障に気付くことはないと思われる。 | |

**図 3.14　プロセス FMEA 評価基準ー影響度(S)**

| O | | 発生度（発生頻度、occurence）の基準 |
|---|---|---|
| 10 | 非常に高い | 故障はほとんど避けられない。 |
| 9 | | 故障に対処するために追加のプロセス処置が開発される。 |
| 8 | 高い | 類似プロセスで故障が繰返されている。 |
| 7 | | そのプロセスは統計的管理状態にない。 |
| 6 | 中程度 | 類似プロセスでときどき故障が起きているが、それほど多発していない。 |
| 5 | | |
| 4 | | プロセスは統計的管理状態にある。 |
| 3 | 低い | 類似プロセスで、単発的な故障が起きている。 |
| 2 | 非常に低い | ほとんど同一のプロセスで、単発的な故障が起きている。 |
| 1 | きわめて低い | 故障の可能性はほとんどない。<br>これまではほぼ同一プロセスに関する故障は起きていない。<br>そのプロセスは統計的管理状態にある。 |

**図 3.15　プロセス FMEA 評価基準－発生度（O）**

| O | | 検出度（detection）の基準 |
|---|---|---|
| 10 | 検出は不可能 | 管理では欠陥の存在を検出しない、または検出できない。 |
| 9 | | 組織の管理下では欠陥の存在はほとんど検出されないが、顧客によって検出されることがある。 |
| 8 | 検出の程度は低い | 管理中に欠陥の存在が検出されることがあるが、梱包を行うまで検出できない場合もある。 |
| 7 | | |
| 6 | 検出の程度は中程度 | 管理中に故障の存在が検出されることがあるが、ロット判定試験が完了するまで検出されない場合がある。変動の程度の大きい試験の場合、より高いランクとする。 |
| 5 | | |
| 4 | 検出の程度は高い | 製造プロセスが完了する前に、欠陥の存在が検出される適切な機会が管理中にある。<br>製造プロセスの監視のために工程内試験が適用される。 |
| 3 | | |
| 2 | 検出の程度は非常に高い／早い | 製造プロセスの次の段階に進む前に、欠陥の存在がほとんど確実に検出される。<br>重要な原材料は組織の仕様書によって管理される。 |
| 1 | | |

**図 3.16　プロセス FMEA 評価基準－検出度（D）**

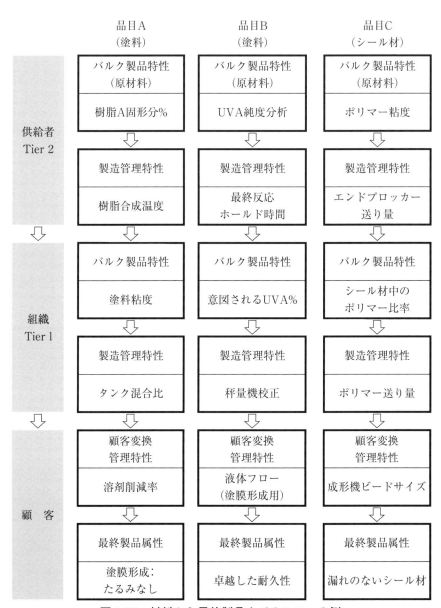

図3.17　材料から最終製品までのフローの例

| バルク材料暫定承認票 | |
|---|---|
| 組織名： | 製品名： |
| サプライヤーコード： | 技術仕様書： |
| 製造場所： | 部品番号： |
| 技術変更番号： | 製法承認日： |
| 受領日： | 受領者： |
| 提出レベル： | 有効期限： |
| 追跡コード： | 再提出日： |

状態：(NR：要求なし、A：承認、I：暫定承認)

設計マトリクス：　　DFMA：　　　　　特殊製品特性：　　技術承認：

コントロールプラン：　PFMA：　　　　特殊プロセス特性：　プロセスフロー図：

試験結果：　　　　工程調査：　　　　寸法測定結果：　　マスターサンプル：

MSA：　　　　　　AAR：

---

材料承認のための規定量：

量産テスト承認番号：

暫定承認理由：

解決すべき問題点、解決予定日(技術、設計、プロセス、その他に分類)：

暫定承認期間中に完了すべき処置、実施日：

進捗状況確認日：　　　　　　　　　材料の工場納入期日：

サンプル納入期日までに、今後予定されている PPAP 提出が、PPAP 要求事項すべてに適合することを確実にするためにどのような処置を行っているか？

---

組織(署名)：　　　　　　　　　電話番号：

顧客承認

署名(製品技術者)：　　　　　電話番号：　　　　日付：

署名(材料技術者)：　　　　　電話番号：　　　　日付：

署名(品質技術者)：　　　　　電話番号：　　　　日付：

暫定承認番号：

図 3.18　バルク材料暫定承認票

# 3.7　タイヤ産業およびトラック産業固有要求事項

　PPAP 参照マニュアルには、附属書 G "タイヤ産業固有要求事項" および附属書 H "トラック産業固有要求事項" があります。それらのポイントを図 3.19 および図 3.20 に示します。詳細についてはそれぞれの参照マニュアルをご参照ください。

| 項　目 | 内　容 |
|---|---|
| 実質的生産 | ・自動車メーカーから別途指定がない限り、PPAP 部品のための最低生産量はタイヤ 30 個である。 |
| 材料試験 | ・材料試験は完成タイヤに対して適用され、原材料に対しては適用されない。 |
| 特殊特性 | ・タイヤのユニフォミティ(振動強制力変動)およびバランスが、特殊特性に指定されている。 |

図 3.19　タイヤ産業固有要求事項のポイント

| 項　目 | 内　容 |
|---|---|
| 実質的生産 | ・少量生産の場合、工程能力予備調査のサンプル数は 30 個である。<br>・暫定承認期間中、特殊特性に関しては全数寸法測定を行う。 |
| 品質指数 | ・顧客が特殊特性を規定し、年間使用量 500 個未満の場合、次のいずれかをコントロールプランに明記する。<br>　－全数検査を実施し、その結果を記録する。<br>　－最低 30 個の量産部品を用いて初期工程能力調査を実施し、その特性に関する量産中の SPC 管理図を維持する。<br>・計量値を用いて調査する特殊特性の場合、工程の安定性を調査するために、次の技法のいずれかを用いる。<br>　－$n=5$、サブグループ数 6 以上の $\overline{X}-R$ 管理図<br>　－データ点 30 以上の $X-MR$ 管理図 |
| 部品提出保証書 | ・顧客から指定された場合、「トラック産業 PSW」を使用する。<br>　－詳細は、PPAP 参照マニュアル参照 |
| 変更通知 | ・設計・プロセスに対する変更について顧客に通知する。<br>　－ PPAP 参照マニュアルの「製品プロセス変更通知」書式参照 |

図 3.20　トラック産業固有要求事項のポイント

# 3.8 PPAP の様式

PPAP 参照マニュアルには、PSW などの種々の様式と、バルク材料固有要求事項などのその他の部品・材料の PPAP 要求事項が含まれています（図 3.21 参照）。

詳細に関しては、PPAP 参照マニュアルをご参照ください。

| 区分 | 内容 |
|---|---|
| PPAP 記録様式 | ・附属書 A　部品提出保証書<br>・附属書 B　外観承認報告書<br>・附属書 C　生産部品承認－寸法測定結果<br>・附属書 D　生産部品承認－材料試験結果<br>・附属書 E　生産部品承認－性能試験結果 |
| その他の部品・材料の PPAP 要求事項 | ・附属書 F　バルク材料固有要求事項<br>・附属書 G　タイヤ産業固有要求事項<br>・附属書 H　トラック産業固有要求事項 |

図 3.21　PPAP の様式とその他の PPAP 要求事項

# 3.9 サービス PPAP

自動車部品には自動車の生産に使われるもの（生産部品）と、保守サービス用に使われるもの（サービス部品）があります。

生産部品の顧客承認手続きを述べたものが PPAP（生産部品承認プロセス）であり、サービス部品の顧客承認手続きを述べたものが、サービス PPAP（service production part approval process、サービス生産部品承認プロセス）です。サービス PPAP に対しては、サービス PPAP 参照マニュアルが発行されています。

サービス PPAP の要求事項は、PPAP 要求事項を基準として、これにサービス部品固有の要求事項が追加されています。サービス PPAP の要求事項を図 3.22（pp.78 ～ 79）に示します。

詳細に関しては、サービス PPAP 参照マニュアルをご参照ください。

| 項目 | サービス PPAP 追加要求事項 |
|---|---|
| 実質的生産の数量 | ①　生産数量が少なく、300 個の連続生産または 8 時間の操業という PPAP 要求事項が現実的でない場合、サービス PPAP に必要とされる部品数は、次のいずれかとする。<br>・1 年間のサービスリリース数量に対して統計的に有意なサンプルとする。<br>・顧客のサービス部品品質責任部門の決定による。<br>②　生産部品に伴うサービス部品は、次の各条件を満たす。<br>・PPAP プロセスに含める。<br>・すべての自動車メーカー固有要求事項を満たす。 |
| PPAP 要求事項 | ①　生産部品およびサービス部品は、顧客の技術設計文書・仕様要求事項(安全および法規制要求事項を含む)を満たす。<br>②　PPAP の一部として提出されるサービス部品のサンプルは、サービス部品の量産用治工具で製造する。<br>③　自動車メーカー固有の承認プロセスに従って、寸法報告書およびサンプルを顧客のサービス部品品質責任部門が承認するまで、部品を出荷しない。<br>④　サービス PPAP 提出の際には、梱包承認の証拠を提出する。 |
| 設計文書 | ①　サービスキットおよび梱包には、部品構成表(BOM、bill of materials)を PPAP 提出とともに提出する。<br>②　指示シート(Ⅰシート)がサービスキットまたは梱包の一部である場合、承認されたコピーを PPAP 文書とともに提出する。 |
| プロセスフロー図 | ①　生産部品とは異なるプロセスを伴うサービス部品には、部品処理取扱い、梱包およびラベル貼付を含めた、サービス部品プロセスフロー図が要求される。 |
| コントロールプラン | ①　PPAP を提出する際、サービス部品の PFMEA およびプロセスフロー図に適用されているコントロールプランを提出する。 |
| サービス部品のプロセスに関する要求事項 | ①　ユニークなサービス部品(量産最終品と比較して)には、出荷に先立ち、または顧客要求事項で定められた場合に、PPAP 文書を提出する。 |
| 第三者梱包業者の PPAP 提出 | ①　第三者によって梱包された部品は、調達部品と委託部品に分類する。<br>②　調達部品は、第三者梱包業者によって購入され、小売り用の容器に個別に梱包されて、部品流通センターまたはディーラーに出荷される、部品またはキットコンポーネントである。 |

図 3.22　サービス PPAP 要求事項(PPAP に対する追加要求事項)（1/2）

| 項目 | サービス PPAP 追加要求事項 |
|---|---|
| 第三者梱包業者の PPAP 提出（続き） | ③ 委託部品は、顧客によって購入され、第三者梱包業者によって小売り用の容器に梱包されて、部品流通センターまたはディーラーに出荷される、組立品の部品またはコンポーネントである。 |
| 再生品の要求事項 | ① 再生品には、通常の PPAP 要求事項が適用される。<br>② 再生品に対する追加 PPAP 要求事項：<br>・再生とはフィールドからのコア組立品を回収し、リサイクルして、顧客仕様を満たす交換用組立品に加工するためのプロセスをいう。<br>・再生にはコア組立品の完全な分解、清浄および検査が要求される。<br>・再生品は顧客仕様に従って、新品、再加工品および手直し品を組み合わせて作られ、試験される。<br>・再生品には PPAP、APQP および製品・プロセス監査が適用される。 |
| サービス用化学品の PPAP 提出 | サービス用に梱包された自動車メーカー生産用化学品および自動車メーカー市販化学品の両方に対する PPAP 要求事項：<br>① 自動車メーカー生産用化学品－サービス用に梱包された生産用製品：<br>・プロセスシート、部品情報シート、プロセスフロー、コントロールプラン、プロセス FMEA、BOM、容器のサイズ、材料試験結果、充填能力調査、および部品提出保証書<br>② 自動車メーカー市販化学品－サービス用に開発された新製品：<br>・上記①に加えて、適用一覧表、DVP&R、および測定システム解析<br>③ 顧客のサービス部品品質責任部門は、プロセスワークフローで次のものに関する承認を確認する。<br>・変更通知、図面、容器のサイズ、産業衛生フォーミュレーションの提出、危険物質に関する提出、MSDS、規制に関する提出、梱包およびグラフィックの承認 |
| ソフトウェアの要求事項 | ① サービス部品のためのソフトウェアの改訂は、機能要求事項を満たすために、生産の妥当性確認・認証を得る。 |

［備考］　DVP&R：設計検証計画・報告書（design verification plan and report）
　　　　　MSDS：化学物質安全データシート（material safety data sheet）

**図 3.22　サービス PPAP 要求事項（PPAP に対する追加要求事項）（2/2）**

# 3.10　PPAPとIATF16949およびコアツールとの関係

## （1）PPAP と IATF 16949 要求事項との関係

　PPAP の各要求事項が、IATF 16949 規格ではどの要求事項として扱われているかの関係を、図 3.23 に示します。PPAP の各要求事項は、IATF 16949 規格の要求事項として含まれていることがわかります。PPAP の要求事項は、また APQP の各フェーズのアウトプットとも整合しており、APQP のアウトプット－ PPAP 要求事項－ IATF 16949 規格要求事項がつながっているといえます。

| | PPAP要求事項 | IATF 16949要求事項 |
|---|---|---|
| 1 | 製品設計文書 | 8.3.5.1　設計・開発からのアウトプット<br>8.3.5.2　製造工程設計からのアウトプット |
| 2 | 技術変更文書（顧客承認）* | 8.3.4.4　製品承認プロセス<br>8.3.6.1　設計・開発の変更 |
| 3 | 顧客技術部門承認* | 8.3.4.4　製品承認プロセス |
| 4 | 設計FMEA | 8.3.5.1　設計・開発からのアウトプット |
| 5 | プロセスフロー図 | 8.3.5.2　製造工程設計からのアウトプット |
| 6 | プロセスFMEA | 8.3.5.2　製造工程設計からのアウトプット |
| 7 | コントロールプラン | 8.5.1.1　コントロールプラン |
| 8 | 測定システム解析（MSA） | 7.1.5.1.1　測定システム解析 |
| 9 | 寸法測定結果 | 8.6.2　レイアウト検査および機能試験 |
| 10 | 材料・性能試験結果 | 8.6.2　レイアウト検査および機能試験 |
| 11 | 初期工程調査結果 | 9.1.1.1　製造工程の監視・測定 |
| 12 | 有資格試験所文書 | 7.1.5.3　試験所要求事項 |
| 13 | 外観承認報告書（AAR）* | 8.6.3　外観品目 |
| 14 | 製品サンプル | － |
| 15 | マスターサンプル | 8.6.3　外観品目 |
| 16 | 検査補助具 | 8.5.1.6　生産治工具ならびに製造、試験、検査の治工具および設備の運用管理 |
| 17 | 顧客固有要求事項適合記録 | 8.6.1　製品およびサービスのリリース |
| 18 | 部品提出保証書（PSW） | 8.3.4.4　製品承認プロセス |
| | バルク材料チェックリスト | － |

＊該当する場合

**図 3.23　PPAP 要求事項と IATF 16949 規格要求事項との関係**

## （2）PPAP と SPC との関係

　IATF 16949 規格（箇条 9.1.1.1）製造工程の監視・測定では、工程能力に関して、“顧客の部品承認プロセス（すなわち PPAP）要求事項で規定された製造工程能力（$C_{pk}$）または製造工程性能（$P_{pk}$）の結果を維持すること”と述べています。

　PPAP 要求事項の初期工程調査では、特殊特性に対する工程能力指数・工程性能指数について、$C_{pk}(P_{pk})$ >1.67 を要求しています（図 3.24 参照）。

　一方、初期工程能力（$C_{pk}$）や初期工程性能（$P_{pk}$）評価の方法について述べている SPC 参照マニュアルには、要求レベルは記載されていません。

　このように、工程能力指数についての具体的な管理レベルは、SPC 参照マニュアルではなく PPAP 参照マニュアルにおいて規定されているのです。

| 製品特性の工程能力 | 判　定 | 処　置 |
|---|---|---|
| $C_{pk}(P_{pk}) > 1.67$ | 合　格 | 工程は顧客要求事項を満たしている。 |
| $1.33 \leq C_{pk}(P_{pk}) \leq 1.67$ | 条件付合格 | 工程は受入れ可能であるが、改善の検討が必要 |
| $C_{pk}(P_{pk}) < 1.33$ | 不合格 | 工程は顧客の要求を満たしていない。顧客と連絡をとることが必要 |

図 3.24　PPAP における工程能力評価基準

# 第4章
# FMEA：
# 故障モード影響解析

　この章では、IATF 16949 において要求されている FMEA（故障モード影響解析）に関して、2019 年 6 月に新しく制定された、AIAG & VDA FMEA ハンドブックの内容、すなわち、設計 FMEA、プロセス FMEA および FMEA-MSR（監視およびシステム応答の補足 FMEA）の実施手順について、具体例を含めて説明します。

　詳細については、AIAG & VDA FMEA ハンドブックをご参照ください。なお日本語版は、㈱ジャパン・プレクサスから発行されています。

# 4.1　FMEA の基礎

## 4.1.1　FMEA の目的と FMEA ハンドブック制定の経緯

　FMEA（故障モード影響解析、failure mode and effects analysis）は、製品や製造工程において発生する可能性のある故障（潜在的な故障）を、製品や製造工程の設計・開発段階で、あらかじめ予測して実際に故障が発生する前に、故障の発生を予防または故障が発生する可能性を低減させるための解析手法です。

　FMEA ハンドブック制定の経緯を図 4.1 に示します。

| 項　目 | 内　容 |
|---|---|
| FMEA ハンドブック制定の経緯 | ①　AIAG（アメリカ自動車産業協会）の FMEA マニュアルと VDA（ドイツ自動車工業会）の FMEA マニュアルが存在した。<br>②　自動車産業セクター全体で共通の基盤を提供するために、AIAG と VDA の共同作業の結果、新しい FMEA ハンドブックが制定された。<br>③　FMEA ハンドブックは、自動車産業のサプライヤーが設計 FMEA、プロセス FMEA、および FMEA-MSR の開発を支援するためのガイドとなる参照マニュアルとして作成された。 |
| 自動車産業がかかえる課題 | ①　自動車産業がかかえる課題：<br>・顧客の品質要求の増大とリコールの増加<br>・自動車部品の複雑化とコンピュータ制御電子部品の増大<br>・法規制要求事項および製造物責任問題への対応<br>・製品およびプロセスに必要なコストの最適化<br>②　これらの課題に対応するために、リスク低減の技術的手法として、FMEA の強化と見直しが必要となっていた。<br>③　FMEA 分析では、安全上のリスクと予見可能な（しかし意図的ではない）誤使用に関して、耐用期間内の製品の動作条件を考慮に入れることが重要である。 |
| 新しい FMEA（FMEA-MSR）の開発 | ①　新しい FMEA 技法として、FMEA-MSR（監視およびシステム応答の補足 FMEA）が開発された。<br>②　これは、自動車の安全な状態または法規制順守の状態を維持するために、顧客運用（運転・整備など）中の、故障診断検出および故障リスク低減の手段を提供するものである。 |

**図 4.1　FMEA ハンドブック制定の経緯**

## 4.1.2 FMEA の種類

　IATF 16949 の FMEA には、設計 FMEA（DFMEA、design FMEA）、プロセス FMEA（PFMEA、process FMEA）および監視およびシステム応答の補足 FMEA（FMEA-MSR、supplemental FMEA for monitoring & system response）の 3 種類の FMEA があります（図 4.2 参照）。また FMEA には、プロジェクト（個別の製品または製造プロセス）ごとの FMEA のほか、基礎（foundation）FMEA やファミリー（family）FMEA があります（図 4.3 参照）。

　FMEA-MSR については、4.4 節で詳しく説明します。

| 区　分 | 内　容 |
|---|---|
| 設計 FMEA<br>（DFMEA） | ① 　製品の設計段階で、発生する可能性のある故障を分析する。<br>② 　製品の品目（部品）・機能に従った分析を行う。 |
| プロセス FMEA<br>（PFMEA） | ① 　設計の意図に適合する製品を製造するために、製造、組立、および物流プロセスの潜在的な故障を分析する。<br>② 　プロセスステップに従った分析を行う。 |
| 監視およびシステム応答の補足 FMEA<br>（FMEA-MSR） | ① 　FMEA-MSR は、新しく開発された監視およびシステム応答の補足 FMEA である。<br>② 　FMEA-MSR は、安全な状態または法規制順守の状態を維持するために、顧客運用中の診断検出および故障リスク低減の手段を提供する、ISO 26262 の機能安全を考慮した、設計 FMEA を補完するものである。 |

**図 4.2　FMEA の種類（1）**

| 区　分 | 内　容 |
|---|---|
| （個別の）<br>FMEA | ① 　プロジェクトすなわち個別の製品またはプロセスごとの FMEA である。 |
| 基礎<br>（foundation）<br>FMEA | ① 　基礎 FMEA は、プロジェクト固有ではない FMEA で、要求事項、機能、および処置の一般化を行うものである。<br>② 　基礎 FMEA は、新しいプロジェクトの FMEA の出発点として役立つ FMEA で、過去の開発で得られた組織の知識が含まれる。<br>③ 　基礎 FMEA は、ジェネリック、ベースライン、テンプレート、コア、マスター、またはベストプラクティス FMEA などとも呼ばれる。 |
| ファミリー<br>（family）FMEA | ① 　ファミリー（グループ）FMEA は、共通した製品ファミリー、または共通した製造プロセスに対する FMEA である。 |

**図 4.3　FMEA の種類（2）**

## 4.1.3　新製品の設計・開発と FMEA

　自動車産業の品質マネジメントシステム規格 IATF 16949 では、新製品の設計・開発は、AIAG の APQP(先行製品品質計画、advanced product quality planning) や、VDA の MLA(新規部品の成熟レベル保証、maturity level assurance)などのプロジェクトマネジメント手法に従って実施することを述べています。

　APQP と、設計 FMEA(DFMEA)およびプロセス FMEA(PFMEA)実施のタイミングとの関係を図 4.4 に示します。

　APQP と FMEA との関係について、FMEA ハンドブックでは、APQP フェーズ 1 の新製品の企画(プログラムの計画・定義)段階で FMEA を開始し、フェーズ 4 の新製品の設計・開発完了(製品・製造工程の妥当性確認)段階で FMEA を完成させることを述べています。

　すなわち FMEA は、ある時期に実施(作成)すればよいというものではなく、製品や製造工程の設計・開発とともに進めることが必要です。APQP の詳細については、第 2 章で説明しています。

| | フェーズ 1 | フェーズ 2 | フェーズ 3 | フェーズ 4 | フェーズ 5 |
|---|---|---|---|---|---|
| APQP フェーズ | プログラムの計画・定義 | 製品の設計・開発と検証 | 製造工程の設計・開発と検証 | 製品・製造工程の妥当性確認 | フィードバック評価・是正処置 |
| 設計 FMEA | 製品設計を始める前に、FMEA 計画策定を開始する。DFMEA と PFMEA は、製品設計とプロセス設計を最適化できるように、同じ時期に実施する。 | 設計の概念を理解し、DFMEA を開始する。 | 見積設計仕様書発行前に、DFMEA を完了する。 | 製造設備発注前に、DFMEA の改善処置を完了する。 | 設計変更／プロセス変更がある場合は、DFMEA ／ PFMEA の計画からやり直す。 |
| プロセス FMEA | | 製造プロセスの概念を理解し、PFMEA を開始する。 | 最終プロセス決定前に、PFMEA を完了する。 | PPAP 顧客承認取得前に、PFMEA の改善処置を完了する。 | |

図 4.4　APQP のフェーズと FMEA 実施のタイミング

## 4.1.4　FMEA 7 ステップアプローチと FMEA の様式

　FMEA は、図 4.5 に示すように、ステップ 1 からステップ 7 の 7 ステップアプローチで進めます。

　図 4.2（p.85）に示した 3 種類の FMEA の様式の例を、図 4.7 に示します。

| システム分析 | | | 故障分析とリスク低減 | | | リスクコミュニケーション |
|---|---|---|---|---|---|---|
| ステップ1<br>計画と準備 | ステップ2<br>構造分析 | ステップ3<br>機能分析 | ステップ4<br>故障分析 | ステップ5<br>リスク分析 | ステップ6<br>最適化 | ステップ7<br>結果の文書化 |
| プロジェクトの定義 | 分析対象の明確化 | 機能・要求事項の明確化 | 故障チェーンの明確化 | 現在の管理方法の明確化とリスク評価 | リスク低減処置の明確化と実施 | 分析結果と結論の文書化と伝達 |

図 4.5　FMEA 7 ステップアプローチ

| 項　目 | 内　容 |
|---|---|
| プロジェクト開始時に検討し、明確にする事項 | ①　FMEA プロジェクト開始時に、次の 5 つのテーマ(5T)について検討する。<br>　a) FMEA の意図(inTent)：FMEA の目的<br>　b) FMEA のタイミング(timing)：実施時期。事後ではなく事前の活動<br>　c) FMEA チーム(team)：部門横断チームメンバーの選定<br>　d) FMEA のタスク(task)：実施事項と課題<br>　e) FMEA ツール(tool)：使用する FMEA 技法、ソフトウェアなど |
| a) FMEA<br>の意図 | ①　FMEA チームメンバーが、FMEA の目的と意図を理解する。 |
| b) FMEA の<br>タイミング | ①　FMEA は、製品設計またはプロセス開発の早い段階で開始する。<br>②　FMEA は、プロジェクト計画に従って実行し、実行状況を評価する。 |
| c) FMEA<br>チーム | ①　FMEA チームは、必要な知識をもつ部門横断的なメンバーで構成する。<br>②　FMEA チームの役割と責任の明確化：<br>　・プロジェクトマネジャー、FMEA チームメンバー、拡大チームメンバー<br>　・設計エンジニア、プロセスエンジニア、ファシリテーター(幹事役)など |
| d) FMEA<br>のタスク | ①　FMEA は、7 ステップアプローチで進める。 |
| e) FMEA<br>ツール | ①　使用する FMEA ツール(様式、ソフトウェアパッケージなど)を決める。<br>　・データベース技法の開発、市販のソフトウェアの使用など |

図 4.6　FMEA プロジェクト計画時の実施事項

## 設計FMEA様式

| 構造分析（ステップ2） | | | 機能分析（ステップ3） | | | 故障分析（ステップ4） | | | | DFMEA リスク分析（ステップ5） | | | | | | DFMEA最適化（ステップ6） | | | | | | | | | | | 備考 |
|---|---|---|---|---|---|---|---|---|---|---|---|---|---|---|---|---|---|---|---|---|---|---|---|---|---|---|---|
| 上位レベル | 分析対象 | 下位レベル | 上位レベルの機能・要求事項 | 分析対象の機能・要求事項 | 下位レベルの機能・要求事項 | 上位レベルの故障影響FE | 影響度S | 分析対象の故障モードFM | 下位レベルの故障原因FC | 現在の予防管理PC | 発生度O | 現在の検出管理DC | 検出度D | 処置優先度AP | フィルターコード | 予防処置 | 検出処置 | 責任者 | 完了予定日 | 処置状態 | 処置内容と証拠 | 影響度S | 発生度O | 検出度D | 処置優先度AP | フィルターコード | |

## FMEA-MSR様式

| 構造分析（S2） | 機能分析（S3） | 故障分析（S4） | DFMEAリスク分析（S5） | DFMEA最適化（S6） |
|---|---|---|---|---|
| | | DFMEAと同じ | | |

| FMEA-MSRリスク分析（ステップ5） | | | | | | | | | FMEA-MSR最適化（ステップ6） | | | | | | | | | | | | | | 備考 |
|---|---|---|---|---|---|---|---|---|---|---|---|---|---|---|---|---|---|---|---|---|---|---|---|
| 注1 | 発生頻度の根拠 | 現在の診断監視 | 現在のシステム応答 | 監視度M | 発生頻度F | 故障分析後の影響度S | 処置優先度AP | フィルターコード | 追加の予防処置 | 追加の診断監視 | 追加のシステム応答 | MSR後の監視度M | 責任者 | 完了予定日 | 処置状態 | 処置内容と証拠 | 注1 | MSR後の影響度S | 発生頻度F | 監視度M | 処置優先度AP | フィルターコード | |

[備考] 注1：システム応答後の最も大きな故障影響

## プロセスFMEA様式

| 構造分析（ステップ2） | | 機能分析（ステップ3） | | | 故障分析（ステップ4） | | | | リスク分析（ステップ5） | | | | | | 最適化（ステップ6） | | | | | | | | | | | | 備考 |
|---|---|---|---|---|---|---|---|---|---|---|---|---|---|---|---|---|---|---|---|---|---|---|---|---|---|---|---|
| プロセスステップ/分析対象 | プロセス作業要素 | プロセスステップの機能 | プロセスステップ/分析対象の機能・製品特性 | プロセス作業要素の機能・プロセス特性 | プロセスステップの故障影響FE | 影響度S | プロセスステップ/分析対象の故障モードFM | プロセス作業要素の故障原因FC | 現在の予防管理PC | 発生度O | 現在の検出管理DC | 検出度D | 処置優先度AP | フィルターコード | 予防処置 | 検出処置 | 責任者 | 完了予定日 | 処置状態 | 処置内容と証拠 | 影響度S | 発生度O | 検出度D | 特殊特性 | 処置優先度AP | | |

図 4.7 各 FMEA の様式の例

## 4.1.5　FMEA を実施する際の考慮事項

　経営者のコミットメント、FMEA チームの編成、FMEA 実施のタイミング、および FMEA プロジェクト計画時の実施事項について説明します。

### ［経営者のコミットメントと FMEA チームの編成］

　FMEA の成功のためには、経営者のコミットメント（積極的な参加）が不可欠です。また FMEA は、各部門の代表者が参加する部門横断的アプローチで進めることが必要です（図 4.8、図 4.9 参照）。

| 項　目 | 内　容 |
|---|---|
| 背景 | ①　FMEA プロセスは完了までに時間がかかる。<br>②　FMEA の実施に必要なリソースを確保することが必要である。 |
| 経営者のコミットメント | ①　FMEA 開発を成功させるには、製品およびプロセスのオーナーの積極的な参加と上級管理職のコミットメントが重要である。<br>②　経営者（上級管理職）が、FMEA 実施の最終的な責任をもつ。 |

**図 4.8　経営者のコミットメント**

| 区　分 | 設計 FMEA チーム | プロセス FMEA チーム |
|---|---|---|
| FMEA コアチーム（core team）メンバー | ・ファシリテーター（facilitator、幹事役）<br>・設計技術者<br>・システム技術者<br>・部品技術者<br>・テスト技術者<br>・品質・信頼性技術者、など | ・ファシリテーター<br>・プロセス技術者<br>・製造技術者<br>・人間工学技術者<br>・妥当性確認技術者<br>・品質・信頼性技術者<br>・各プロセス開発責任者、など |
| 拡大チームメンバー（必要に応じて） | ・プロジェクトマネジャー<br>・プロセス技術者<br>・技術専門家<br>・機能安全技術者<br>・購買担当者<br>・供給者、顧客の代表、など | ・プロジェクトマネジャー<br>・設計技術者<br>・技術専門家<br>・製造担当者<br>・メンテナンス担当者<br>・購買担当者、供給者、など |

**図 4.9　FMEA チームメンバーの構成例**

[FMEA 実施のタイミング]

図 4.4 において、FMEA は設計・開発とともに実施して完成させることを述べましたが、FMEA はそれ以外にも図 4.10 に示した各段階で実施します。FMEA は、種々の変更が発生した際に見直しが必要です。

[FMEA プロジェクト計画時の実施事項]

FMEA7 ステップアプローチの最初のステップ 1、すなわち FMEA プロジェクト計画時における実施事項を図 4.6(p.87)に示します。すなわち、FMEA の意図(inTent)、FMEA のタイミング(timing)、FMEA チーム(team)、FMEA のタスク(task)、FMEA ツール(tool)の 5T について検討します。

| 区　分 | FMEA の実施時期 | 内　容 |
|---|---|---|
| F M E A の<br>新規実施－<br>生産開始前 | ①　新規設計、新規技<br>術、新規プロセスの<br>開始 | ・FMEA の範囲は、設計、技術、またはプロセス全般となる。 |
| | ②　既存の設計または<br>プロセスの新規分野<br>への適用 | ・FMEA の範囲は、新しい環境、場所、用途、または使用条件(使用率、法規制要求事項など)への適用が、既存の設計またはプロセスに与える影響に焦点をあてる。 |
| | ③　既存の設計または<br>プロセスに対する技<br>術的変更 | ・新しい技術開発、新しい要求事項、製品のリコールや市場での故障情報にもとづく、設計やプロセスの変更<br>・FMEA の範囲は、設計／プロセスの変更箇所、および変更によって起こり得る影響および市場での経緯に焦点をあてる。 |
| F M E A の<br>見直し－<br>生産開始後 | ・設計またはプロセスの変更<br>・運用条件の変更(例：自動車が使用される環境)<br>・要求事項の変更(例：法律、基準、顧客、最新技術)<br>・品質問題の発生(例：工場での不具合発生、ゼロマイレージ(出荷時の品質)、市場での不具合、社内外の苦情)<br>・ハザード分析およびリスクアセスメント(HARA)の変更<br>・脅威分析およびリスクアセスメント(TARA)の変更<br>・製品監視の結果<br>・学んだ教訓の取込み | |

図 4.10　FMEA 実施のタイミング

## 4.1.6　FMEA ハンドブック改訂の概要

　今まで自動車産業の FMEA の標準であった AIAG の FMEA 参照マニュアルから、AIAG & VDA FMEA ハンドブックへの主な変更点を図 4.11 に示します。

　FMEA-MSR という新しい FMEA の登場、7 ステップアプローチの採用、管理項目の見直し、S ／ O ／ D 評価基準の見直し、および RPN（リスク優先数）から AP（処置優先度）へのリスク低減基準の変更など、いくつかの大きな変更が行われました。FMEA 新旧様式の比較を図 4.12 に示します。

| 項　目 | 内　容 |
|---|---|
| FMEA 実施プロセスの明確化 | ①　FMEA の実施プロセスとして、ステップ 1（計画と準備）、ステップ 2（構造分析）、ステップ 3（機能分析）、ステップ 4（故障分析）、ステップ 5（リスク分析）、ステップ 6（最適化）、およびステップ 7（結果の文書化）の 7 つのステップを定義している。<br>②　この 7 ステップアプローチは、従来の VDA FMEA の 5 ステップアプローチの構造分析手法にもとづいている。 |
| 管理項目の見直し | ①　FMEA の管理項目（品目・機能、要求事項、故障モード、故障影響、故障原因、改善処置など）の見直しが行われた。<br>②　FMEA 分析対象要素だけでなく、その上位レベルおよび下位レベルについても検討対象となった。<br>②　改善処置の項目欄が、予防処置欄と検出処置欄に分かれた。 |
| S ／ O ／ D 評価基準の見直し | ①　S（影響度）、O（発生度）、D（検出度）の評価基準の全面的な見直しが行われた。<br>②　また、S ／ O ／ D の各評価表に、"組織または製品ラインの例" の欄が追加された。 |
| 改善処置優先度基準の変更 | ①　リスク評価基準としての S ／ O ／ D を単純に掛けた RPN（リスク優先数）に代わり、AP（処置優先度）が設けられた。<br>②　すなわち、リスク低減処置の優先順位付けの方法が、S ／ O ／ D の順から、S ／ O ／ D を総合的に評価する方法（AP）に変わった。 |
| 新しい FMEA の登場 | ①　設計 FMEA およびプロセス FMEA に加えて、新たに監視およびシステム応答の補足 FMEA（FMEA-MSR）が開発された。<br>②　これは、安全な状態および法規制順守の状態を維持するために、顧客運用（運転・整備など）中の診断検出と故障リスク低減の手段を提供するもので、自動車の機能安全 ISO 26262 に対応している。 |

### 図 4.11　FMEA ハンドブック改訂の概要

**設計FMEA様式**

構造分析（ステップ2）：上位レベル｜分析対象｜下位レベル

機能分析（ステップ3）：上位レベルの機能・要求事項｜分析対象の機能・要求事項｜下位レベルの機能・要求事項

故障分析（ステップ4）：上位レベルの故障影響 FE｜影響度 S｜分析対象の故障モード FM｜下位レベルの故障原因 FC

リスク分析（ステップ5）：現在の予防管理 PC｜発生度 O｜現在の検出管理 DC｜検出度 D｜処置優先度AP

最適化（ステップ6）：処置内容と証拠｜完了状態｜責任者完了予定日｜追加の予防処置｜追加の検出処置｜処置状態｜完了予定日｜処置優先度AP｜フィルターコード｜備考

**旧FMEA様式**

| DFMEA 品目／機能　PFMEA 工程／機能 | 要求事項 | 故障モード | 故障影響 | 影響度 S | 分類 | 故障原因 | 現在の管理方法 | | | | RPN | 処置計画 | 責任者予定日 | 改善処置 | 処置結果 | | | |
|---|---|---|---|---|---|---|---|---|---|---|---|---|---|---|---|---|---|---|
| | | | | | | | 予防管理 | 発生度 O | 検出管理 | 検出度 D | | | | | S | O | D | RPN |

**プロセスFMEA様式**

構造分析（ステップ2）：プロセス／分析対象｜プロセスステップ／作業要素｜プロセス作業要素

機能分析（ステップ3）：プロセスの機能｜プロセスステップ／分析対象の機能・製品特性｜プロセス作業要素の機能・プロセス特性

故障分析（ステップ4）：プロセスの故障影響 FE｜影響度 S｜プロセスステップ／分析対象の故障モード FM｜プロセス作業要素の故障原因 FC

リスク分析（ステップ5）：現在の予防管理 PC｜発生度 O｜現在の検出管理 DC｜検出度 D｜処置優先度AP｜特殊特性｜フィルターコード

最適化（ステップ6）：処置内容と証拠｜完了状態｜責任者完了予定日｜追加の予防処置｜追加の検出処置｜処置状態｜完了予定日｜影響度S｜発生度O｜検出度D｜特殊特性｜処置優先度AP｜備考

図 4.12　新旧 FMEA 様式の比較

# 4.2 設計 FMEA

## 4.2.1 設計 FMEA のステップ

　設計 FMEA 実施のフローを図 4.13 に、設計 FMEA の様式の例を図 4.15 に、設計 FMEA の様式のヘッダーの例を図 4.14 に示します。

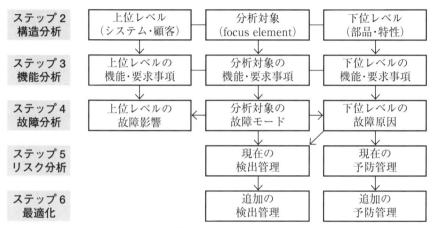

図 4.13　設計 FMEA 実施のフロー

## 4.2.2 設計 FMEA の実施

　設計 FMEA は、図 4.5(p.87)に示した 7 ステップアプローチで実施します。設計 FMEA 様式の各項目の内容を図 4.16(p.96)に示します。

　ステップ 1(計画と準備)では、FMEA の対象とするプロジェクト(新製品)を明確にします。

　ステップ 2(構造分析)では、分析対象(focus element)を明確にします。このときに、ブロック図／境界図や、構造分析構造ツリーを作成すると効果的です(図 4.17 ～図 4.18 (p.97)参照)。構造ツリー作成の手順を図 4.19 (p.98)に示します。

　ステップ 3 (機能分析)では、ステップ 2 で明確にした各分析対象の機能を明

| 項　目 | 内　容 |
|---|---|
| 組織名 | ・DFMEA を担当する組織の名称 |
| 技術部門の場所 | ・組織の技術部門の所在地 |
| 顧客名または製品ファミリー | ・顧客の名称または製品ファミリー名 |
| モデル年／プログラム | ・顧客のアプリケーション／プログラム、組織のモデル／スタイル |
| 件名 | ・DFMEA プロジェクト名 |
| DFMEA 開始日 | ・DFMEA 開始日 |
| DFMEA 改訂日 | ・DFMEA の最新改訂日 |
| 部門横断チーム | ・DFMEA チームの名簿 |
| DFMEA ID 番号 | ・DFMEA 識別番号（組織として決定） |
| 設計責任 | ・DFMEA オーナーの名前 |
| 機密性レベル | ・業務用、組織の占有権の有無、機密レベルなどの区別 |

**図 4.14　設計 FMEA のヘッダーの例**

確にします。このときに、機能分析構造ツリーやパラメータ図を作成すると効果的です（図 4.20（p.98）、図 4.21（p.99））。

　ステップ 4（故障分析）では、分析対象に対してどのような故障モード（故障内容）が起こる可能性があるか、顧客にどのような影響があるか、故障の原因は何かを検討します（図 4.26（p.102）参照）。このときに、故障分析構造ツリーを作成すると効果的です（図 4.22（p.100）参照）。顧客への故障影響の程度（影響度 S）を図 4.27 の評価表に従って評価します。

　ステップ 5（リスク分析）では、故障モードに対して、現在どのような予防管理および検出管理を行っているかを明確にして、それらの管理の程度、すなわち発生度（O）および検出度（D）を、図 4.28（p.103）および図 4.29（p.104）の評価表で評価します。図 4.29 の発生度（O）は、予防管理の内容に依存することになります。

　そして、リスク低減の処置をとる優先度（処置優先度 AP）を図 4.30（p.105）の評価表で評価し、図 4.31（p.105）に記した処置をとります。

　ステップ 6（最適化）では、リスク低減のための処置、すなわち追加の予防処置または検出処置を計画して実施し、処置後の発生度（O）および検出度（D）、および処置優先度（AP）を再評価します。

**計画と準備(ステップ1)**

組織名:
技術部門の場所:
顧客名または製品ファミリ:
モデル年/プログラム:

件名(DFMEAプロジェクト名):
DFMEA開始日:
DFMEA改訂日:
部門横断チーム:

DFMEA ID番号:
設計責任(DFMEAオーナーの名前):
機密性レベル:

**構造分析(ステップ2)**

| 番号 | 上位レベル | 分析対象 focus element | 下位レベル |
|---|---|---|---|
| 1 | | | |
| 2 | | | |
| : | | | |

**機能分析(ステップ3)**

| 上位レベルの機能・要求事項 | 分析対象の機能・要求事項 | 下位レベルの機能・要求事項 |
|---|---|---|
| | | |

**故障分析(ステップ4)**

| 上位レベルの故障影響 FE | FE の影響度 S | 分析対象の故障モード FM | 下位レベルの故障原因 FC |
|---|---|---|---|
| | | | |

**リスク分析(ステップ5)**

| 番号 | FCに対する現在の予防管理 PC | FCの発生度 O | FC/FMに対する現在の検出管理 DC | FC/FMの検出度 D | 処置優先度 AP | フィルターコード* |
|---|---|---|---|---|---|---|
| 1 | | | | | | |
| 2 | | | | | | |
| : | | | | | | |

**最適化(ステップ6)**

| 追加の予防処置 | 追加の検出処置 | 責任者の名前 | 完了予定日 | 処置状態 | 処置内容と証拠 | 完了日 | 影響度 S | 発生度 O | 検出度 D | 処置優先度 AP | フィルターコード* | 備考 |
|---|---|---|---|---|---|---|---|---|---|---|---|---|
| | | | | | | | | | | | | |

図 4.15 設計 FMEA 様式の例

[備考] 注1:継続的改善、 注2:履歴/変更承認(該当する場合)、 *:オプション

| ステップ | 項　目 | 内　容 |
|---|---|---|
| ステップ 2<br>構造分析 | 上位レベル | ・システム、サブシステム、サブシステムの集合、車両 |
| | 分析対象（focus element） | ・サブシステム、部品、インタフェース名 |
| | 下位レベル | ・部品、特性、インタフェース名 |
| ステップ 3<br>機能分析 | 上位レベルの機能・要求事項 | ・車両、システムまたはサブシステムの機能および要求事項、または意図されたアウトプット |
| | 分析対象の機能・要求事項 | ・サブシステム、部品またはインタフェースの機能および要求事項または意図されたアウトプット |
| | 下位レベルの機能・要求事項 | ・部品またはインタフェースの機能または特性 |
| ステップ 4<br>故障分析 | 上位レベルの故障影響（FE） | ・車両、システムまたはサブシステムが、上位レベル要求機能を実行できない（失敗する）可能性がある方法 |
| | FE の影響度（S） | ・影響度（S）評価基準に従って評価 |
| | 分析対象の故障モード（FM） | ・分析対象が要求機能を実行できず、故障影響につながる可能性がある方法 |
| | 下位レベルの故障原因（FC） | ・サブシステム、部品またはインタフェースが、下位レベルの機能を実行できず、故障モードとなる方法 |
| ステップ 5<br>リスク分析 | FC に対する現在の予防管理（PC） | ・実績のある過去の管理または計画されている予防管理 |
| | FC の発生度（O） | ・発生度（O）評価基準に従って評価 |
| | FC/FM に対する現在の検出管理（DC） | ・実績のある過去の管理または計画されている検出管理 |
| | FC/FM の検出度（D） | ・検出度（D）評価基準に従って評価 |
| | 処置優先度（AP） | ・処置優先度（AP）評価基準に従って評価 |
| | フィルターコード＊ | ・仕様への適合のためにプロセス管理が必要な特性 |
| ステップ 6<br>最適化 | 追加の予防処置 | ・発生度を低減するために必要な追加の予防処置 |
| | 追加の検出処置 | ・検出度を上げるために必要な追加の検出処置 |
| | 責任者 | ・役職や部署ではなく名前 |
| | 完了予定日 | ・年月日 |
| | 処置状態 | ・未決定、決定保留、実施保留、完了、処置なし |
| | 処置内容と証拠 | ・処置内容、文書番号、報告書名称、日付など |
| | 完了日 | ・年月日 |
| | 影響度（S） | ・処置後の影響度（S） |
| | 発生度（O） | ・処置後の発生度（O） |
| | 検出度（D） | ・処置後の検出度（D） |
| | 処置優先度（AP） | ・処置後の処置優先度（AP） |
| | フィルターコード＊ | ・仕様への適合のためにプロセス管理が必要な特性 |
| | 備考 | ・DFMEA チーム使用欄 |

［備考］　＊：オプション

## 図 4.16　設計 FMEA 様式の各項目の内容

　顧客レベルと故障チェーン（chain）の関係を図4.23（p.101）に示します。OEM（original equipment manufacturer）は自動車メーカー、ティア（tier）1はOEMへの直接の供給者、ティア2はティア1への供給者を、またFEは故障影響（failure effect）、FMは故障モード（failure mode）、FCは故障原因（failure cause）を示します。

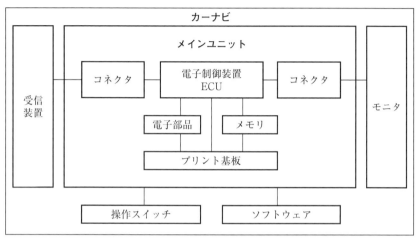

**図4.17　ブロック図／境界図の例（カーナビ）**

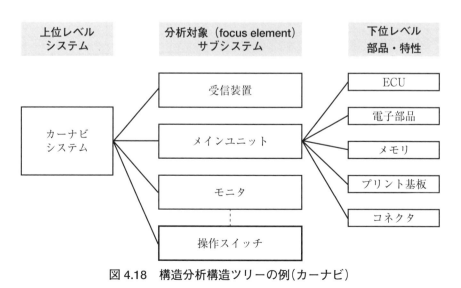

**図4.18　構造分析構造ツリーの例（カーナビ）**

| ステップ | 作成図 | 実施事項 |
|---|---|---|
| ステップ 2<br>構造分析 | ブロック図 | ・分析対象のプロジェクト（製品）に対して、上位レベル（システム）、分析対象（サブシステム）および下位レベル（部品）を記載した、ブロック図を作成する。 |
| | 構造分析構造ツリー | ・ブロック図のすべての分析対象およびすべての下位レベルを記載した、構造分析構造ツリーを作成する。 |
| ステップ 3<br>機能分析 | 機能分析構造ツリー | ・構造分析構造ツリーに、各分析対象および下位レベルに対する機能・要求事項を追加した、機能分析構造ツリーを作成する。 |
| ステップ 4<br>故障分析 | 故障分析構造ツリー | ・機能分析構造ツリーに、各分析対象および下位レベルの機能・要求事項の故障モード（故障内容）を追加した、故障分析構造ツリーを作成する。 |

図 4.19　構造ツリー作成の手順

| ノイズ因子 | | | | |
|---|---|---|---|---|
| 部品間変動<br>例：<br>・部品間のばらつき | 経時変化<br>例：<br>・劣化、摩耗、マイレージ | 顧客の使用状況<br>例：<br>・仕様外使用 | 外部環境<br>例：<br>・温度、湿度、振動、衝撃 | システム間相互作用<br>例：<br>・EMC 干渉 |
| インプット<br>例：<br>・位置情報の受信 | インプット　⇒ | 分析対象<br>（カーナビ） | アウトプット　⇒<br>意図しないアウトプット ↓ | 意図したアウトプット<br>例：<br>・モニタへの地図情報の表示 |
| 機能<br>例：<br>・受信装置から地図情報データを受信、モニタに地図を出力 | 機能要求事項<br>例：<br>・規定された速度、解像度で地図を出力 | 制御因子<br>例：<br>・受信電波の強度、周囲の電波状況、磁場強度 | 非機能要求事項<br>例：<br>・サイズ、重量、消費電力などに関する要求事項 | 意図しないアウトプット<br>例：<br>・熱エネルギー、EMC |

図 4.20　パラメータ図の例（カーナビ）

　図 4.24 は、設計 FMEA における予防管理と検出管理の関係を示します。製品の設計段階で試作品を作る前に、故障が起こらないように考慮して設計するのが予防管理で、試作品を作って種々の評価をするのが検出管理です。

　図 4.15（p.95）の設計 FMEA 様式の処置状態欄は、リスク低減の処置が計画されているか、計画された処置が実施されているか、処置が完了したかなどの、処置状態を識別するのに使用されます。

　ステップ 7（結果の文書化）では、分析結果と結論を文書化し、組織内に伝達します。要求されている場合は顧客にも、また必要な場合はサプライヤーにも伝達します（図 4.25（p.102）参照）。

　FMEA 報告書の様式は、組織が決めるとよいでしょう。

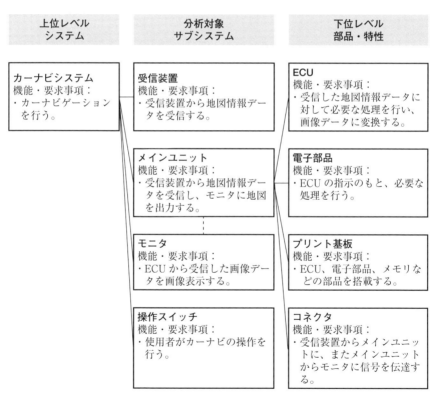

**図 4.21　機能分析構造ツリーの例（カーナビ）**

## 4.2.3　設計 FMEA の評価基準

　設計 FMEA の評価基準として、影響度(S、severity)、発生度(O、occurrence)および検出度(D、detection)を図 4.27 ～図 4.29(pp.103 ～ 104)に示します。

| 上位レベル システム | 分析対象 サブシステム | 下位レベル 部品・特性 |
|---|---|---|
| **カーナビシステム** 機能・要求事項： ・カーナビゲーションを行う。 故障： ・カーナビゲーションができない。 | **受信装置** 機能・要求事項： ・受信装置から地図情報データを受信する。 故障： ・受信装置から地図情報データを受信できない。 | **ECU** 機能・要求事項： ・受信した地図情報データに対して必要な処理を行い、画像データに変換する。 故障： ・画像処理を行わない。 |
| | **メインユニット** 機能・要求事項： ・受信装置から地図情報データを受信し、モニタに地図を出力する。 故障： ・モニタに地図を出力しない。 | **電子部品** 機能・要求事項： ・ECU の指示のもと、必要な処理を行う。 故障： ・ECU に指示された処理を行わない。 |
| | **モニタ** 機能・要求事項： ・ECU から受信した画像データを画像表示する。 故障： ・画像表示されない。 | **プリント基板** 機能・要求事項： ・ECU、電子部品、メモリなどの部品を搭載する。 故障： ・各部品がプリント基板に適切に搭載されない。 |
| | **操作スイッチ** 機能・要求事項： ・使用者がカーナビの操作を行う。 故障： ・カーナビ操作ができない。 | **コネクタ** 機能・要求事項： ・受信装置からメインユニットに、またメインユニットからモニタに信号を伝達する。 故障： ・信号を伝達しない。 |

**図 4.22　故障分析構造ツリーの例(カーナビ)**

　各評価基準表には、ユーザー記入欄、すなわち組織または製品ラインの基準を記載する欄が設けられています。組織の製品にあった評価基準を設定するとよいでしょう。これらの値から総合的にリスク低減処置の優先度を示す処置優先度（AP、action priority）を、図 4.30（p.105）に示します。

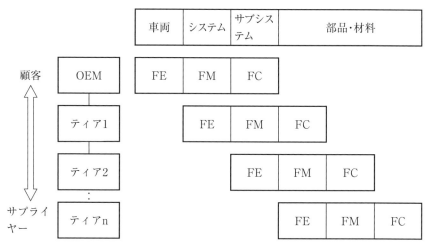

［備考］OEM：自動車メーカー、FE：故障影響、FM：故障モード、FC：故障原因

**図 4.23　顧客レベルと故障チェーン**

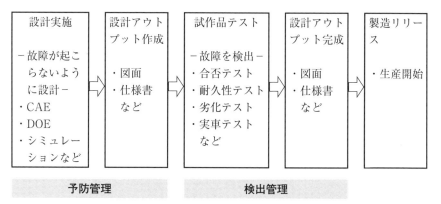

**図 4.24　設計 FMEA における予防管理と検出管理**

　処置優先度は、H(high、高)、M(medium、中)、L(low、低)の 3 段階に区分されており、それぞれ図 4.31 に示す処置をとります。設計 FMEA の最適化は、図 4.59(p.128)に示したと同様、S ／ O ／ D の順序で行うと効果的です。

　FMEA ハンドブックでは、FMEA 様式の項目数が大幅に増加しました。ステップ 2 からステップ 6 までを横一列に並べた紙媒体の様式ではなく、適当なソフトウェアを使用するとよいでしょう。

| 項　　目 | 実施事項 |
|---|---|
| FMEA報告書の内容 | ① プロジェクト計画で定められた当初の目標と比較した最終的な状況 − 5T(FMEA の意図、FMEA のタイミング、FMEA チーム、FMEA のタスク、FMEA ツール)の明確化<br>② 分析範囲および新規事項の明確化<br>③ 機能の開発過程の要約<br>④ チームによって決定された、高リスクの故障の要約と、組織で決めた S ／ O ／ D 評価表、および処置優先度の基準(処置優先度表など)の要約<br>⑤ リスクの高い故障に対処するために取られた、または計画されている処置の要約<br>⑥ 進行中の処置の計画<br>　・オープン(未完了)な処置を完了させるためのコミットメントとタイミング<br>　・量産中の DFMEA の見直し<br>　・基礎 FMEA の見直し(該当する場合) |

図 4.25　FMEA 報告書の内容

図 4.26　故障チェーンモデル

| S | 影響度（severity）の基準 | | 注 |
|---|---|---|---|
| 10 | 車両または他の車両の安全な運転に影響する。<br>車両の運転者／同乗者の健康、道路の利用者／歩行者の健康に影響する。 | | |
| 9 | 法規制違反となる。 | | |
| 8 | （車両の耐用期間内の通常運転に必要な） | 喪失 | |
| 7 | 車両の主要機能の | 低下 | |
| 6 | 車両の二次機能の | 喪失 | |
| 5 | | 低下 | |
| 4 | 非常に | 不快な外観、騒音、振動、乗り心地、または触覚 | |
| 3 | やや | | |
| 2 | 少し | | |
| 1 | 認識できる影響はない。 | | |

［注］ユーザー記入欄。組織または製品ラインの基準を記載（他の評価基準表も同様）

**図 4.27　設計 FMEA 評価基準－影響度（S）**

| D | 検出度（detection）の基準 | | | |
|---|---|---|---|---|
| | 検出方法の成熟度（maturity） | | 検出の機会（opportunity） | |
| 10 | 試験手順はまだ開発されていない。 | | 試験方法が未定義 | |
| 9 | 故障モードまたは故障原因を検出するための試験方法が開発されていない。 | | 合否試験、耐久性試験、または劣化試験 | |
| 8 | 未検証の新規試験方法 | 下記 7 以外の段階での検出 | | |
| 7 | | 生産リリース前に生産設備を修正できる段階での検出 | 合否試験 | |
| 6 | 機能性検証、または性能、品質、信頼性、耐久性の妥当性確認済みの試験方法 | 生産遅延の可能性のある、製品開発段階後半での検出 | 耐久性試験 | |
| 5 | | | 劣化試験 | |
| 4 | | 生産リリース前に生産設備を修正できる段階での検出 | 合否試験 | |
| 3 | | | 耐久性試験 | |
| 2 | | | 劣化試験 | |
| 1 | 故障モードまたは故障原因が発生し得ない設計 | | または常に故障モードまたは故障原因を検出することが実証されている検出方法 | |

**図 4.28　設計 FMEA 評価基準－検出度（D）**

| O | 発生度(occurrence)の基準 | | | | |
|---|---|---|---|---|---|
| 10 | 運用経験のない、または制御されていない運用条件下での、新規技術の最初の適用 | | 設計標準は存在せず、ベストプラクティスが決定されていない。 | 予防管理は、市場実績を予測できないか存在しない。 | 製品の検証や妥当性確認の経験がない。 |
| 9 | 革新技術／材料を用いた、社内での最初の設計 | 負荷サイクル(デューティサイクル)／運用条件の新規適用または変更 | 直接適用できる、既存の設計標準やベストプラクティスがほとんど存在しない。 | 予防管理は、特定の要求事項に対するパフォーマンスを目的としていない。 | |
| 8 | 革新技術／材料を用いた、新規用途の設計 | | | 予防管理は、市場実績の信頼できる指標ではない。 | |
| 7 | 類似技術／材料にもとづく新規設計 | | 設計標準、ベストプラクティス、デザインルールが、新製品に適用されない。 | 予防管理は、限定的なパフォーマンス指標を提供する。 | |
| 6 | 既存の技術／材料を用いた、以前と類似した設計 | 負荷サイクル／運用条件の変更 | 規格とデザインルールは存在するが、故障原因の発生予防には不十分 | 予防管理は、原因を予防するために、ある程度有効である。 | 類似の試験／市場実績がある。 |
| 5 | 実証済みの技術／材料を使用した、以前の設計に対する小変更 | 同様の負荷サイクル／運用条件の適用 | この設計に対してベストプラクティスが再評価されたが、まだ証明されていない。 | 予防管理は、故障の原因に関連した製品の欠陥を見つけ、性能をある程度示すことができる。 | 類似の試験／市場実績／故障に関連した試験経験がある。 |
| 4 | 短期間の市場実績を伴う、ほぼ同一の設計 | | 以前の設計との変更は、ベストプラクティス、設計標準、および規格に準拠している。 | 予防管理は、故障原因に関連した製品の欠陥を見つけ、設計適合性を示す可能性がある。 | 類似の試験／市場実績がある。 |
| 3 | 既知の設計に対する詳細な変更 | 負荷サイクル／運用条件のわずかな変更 | 以前の設計から学んだ教訓にもとづいて、設計標準およびベストプラクティスに準拠することが期待される。 | 予防管理によって、故障原因に関連する製品の欠陥を見つけ、生産設計の適合性を予測することができる。 | 同等の運用条件での試験／市場実績／試験手順が正常に完了している。 |
| 2 | 長期的な市場実績を伴う、ほぼ同一の成熟した設計 | 同様の負荷サイクル／運用条件での適用 | 以前の設計から学んだ教訓にもとづいて、設計標準およびベストプラクティスに準拠することが大いに期待される。 | 予防管理によって、故障原因に関連する製品の弱点を発見し、設計適合性への信頼を示すことができる。 | 同等の運用条件下での試験／実地経験がある。 |
| 1 | 予防管理によって故障が除去されており、故障原因は設計上起こらない。 | | | | |

**図 4.29　設計 FMEA 評価基準－発生度(O)**

## 4.2.4 設計 FMEA の実施例

図 4.17 〜図 4.18（p.97）に述べたカーナビに対する設計 FMEA の実施例を、図 4.32 に示します。

| S（影響度） | O（発生度） | D（検出度） | | | |
|---|---|---|---|---|---|
| | | 10-7 | 6-5 | 4-2 | 1 |
| 10-9 | 10-6 | H | H | H | H |
| | 5-4 | H | H | H | M |
| | 3-2 | H | M | L | L |
| | 1 | L | L | L | L |
| 8-7 | 10-8 | H | H | H | H |
| | 7-6 | H | H | H | M |
| | 5-4 | H | M | M | M |
| | 3-2 | M | M | L | L |
| | 1 | L | L | L | L |
| 6-4 | 10-8 | H | H | M | M |
| | 7-6 | M | M | M | L |
| | 5-4 | M | L | L | L |
| | 3-1 | L | L | L | L |
| 3-2 | 10-8 | M | M | L | L |
| | 7-1 | L | L | L | L |
| 1 | 10-1 | L | L | L | L |

［備考］H：高（high）、M：中（medium）、L：低（low）

**図 4.30　設計 FMEA の処置優先度（AP）**

| AP | 期待される処置 |
|---|---|
| H（high、高） | ・予防管理または検出管理を改善するための行動を特定する必要がある（need）。<br>・または、現在の管理が適切である理由を正当化する。 |
| M（medium、中） | ・予防管理または検出管理を改善するための行動を特定するべきである（should）。<br>・または（組織の判断で）、現在の管理が適切である理由を正当化する。 |
| L（low、低） | ・予防管理または検出管理改善の行動を特定することができる（could）。 |

**図 4.31　処置優先度（AP）と期待される処置**

| 構造分析（ステップ 2） | | | |
|---|---|---|---|
| | 上位レベル | 分析対象 | 下位レベル |
| 1 | カーナビシステム | メインユニット | プリント基板 |
| 2 | | | ECU |
| 3 | | | ⋮ |

| 機能分析（ステップ 3） | | | |
|---|---|---|---|
| | 上位レベルの<br>機能・要求事項 | 分析対象の<br>機能・要求事項 | 下位レベルの<br>機能・要求事項 |
| 1 | カーナビゲーションを行う。 | 受信装置から地図情報データを受信し、モニタに地図を出力する。 | ECU、電子部品、プリント基板などの部品を搭載する。 |
| 2 | | | 受信したデータを画像データに変換する。 |
| 3 | | | ⋮ |

| 故障分析（ステップ 4） | | | | |
|---|---|---|---|---|
| | 上位レベルの<br>故障影響（FE） | S | 分析対象の<br>故障モード（FM） | 下位レベルの<br>故障原因（FC） |
| 1-1 | カーナビが動作しない。 | 6 | モニタに地図を出力しない。 | 不適切なプリント基板規格採用による、プリント基板と電子部品間の接合不良 |
| 1-2 | | | | |
| 2 | | | | |
| 3 | | | | |

| リスク分析（ステップ 5） | | | | | |
|---|---|---|---|---|---|
| | FC に対する<br>現在の予防管理（PC） | O | FC/FM に対する<br>現在の検出管理（DC） | D | AP |
| 1-1 | プリント基板規格 XXX 採用 | 6 | 妥当性確認試験 − 合否テスト | 6 | M |
| 1-2 | | | | | |
| 2 | | | | | |
| 3 | | | | | |

| 最適化（ステップ 6） | | | | | |
|---|---|---|---|---|---|
| | 追加の予防処置 | 追加の検出処置 | S | O | D | AP |
| 1-1 | 類似製品で実績のある、プリント基板規格 YYY への変更 | なし | 6 | 4 | 6 | L |
| 1-2 | | | | | | |
| 2 | | | | | | |
| 3 | | | | | | |

図 4.32　設計 FMEA の実施例（カーナビ）

# 4.3 プロセス FMEA

## 4.3.1 プロセス FMEA のステップ

プロセス FMEA 実施のフローを図 4.33 に、プロセス FMEA の様式の例を図 4.34 に、プロセス FMEA 様式の各項目の内容を図 4.35 に示します。

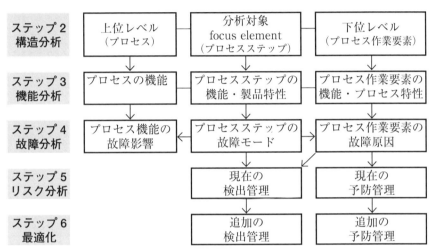

図 4.33　プロセス FMEA 実施のフロー

## 4.3.2 プロセス FMEA の実施

プロセス FMEA も設計 FMEA と同様、図 4.5（p.87）に示した 7 ステップアプローチで実施します。

ステップ 2（構造分析）では、プロセス（製造工程）の分析対象（focus element）すなわちプロセスステップを明確にします。このときに、プロセスフロー図、構造分析構造ツリーなどを作成すると効果的です（図 4.36（p.110）参照）。

ステップ 3（機能分析）では、ステップ 2 で明確にした各プロセスステップの分析対象に対する上位レベルのプロセス機能と、下位レベルの作業要素（4M）を明確にします。このときに、機能分析構造ツリーやパラメータ図を作成すると効果的です（図 4.37（p.111））。

## 計画と準備（ステップ1）

| | |
|---|---|
| 組織名： | 件名（PFMEAプロジェクト名）： |
| 製造拠点の場所： | PFMEA開始日： |
| 顧客名または製品ファミリー： | PFMEA改訂日： |
| モデル年／プログラム： | 部門横断チーム： |

| |
|---|
| PFMEA ID番号： |
| プロセス責任（PFMEAオーナーの名前）： |
| 機密性レベル： |

### 構造分析（ステップ2）／機能分析（ステップ3）／故障分析（ステップ4）

注1

注2

| 番号 | プロセス | プロセスステップ／分析対象 focus element | プロセス作業要素 | プロセスの機能 | プロセスステップ／分析対象の機能・製品特性 | プロセス作業要素の機能・プロセス特性 | プロセスの故障影響 FE | FEの影響度 S | プロセスステップ／分析対象の故障モード FM | プロセス作業要素の故障原因 FC |
|---|---|---|---|---|---|---|---|---|---|---|
| 1 | | | | | | | | | | |
| 2 | | | | | | | | | | |
| ・・ | | | | | | | | | | |

### リスク分析（ステップ5）／最適化（ステップ6）

| 番号 | FCに対する現在の予防管理 PC | FCの発生度 O | FC/FMに対する現在の検出管理 DC | FC/FMの検出度 D | 処置優先度 AP | 特殊特性 | フィルターコード ＊ | 追加の予防処置 | 追加の検出処置 | 責任者 | 完了予定日 | 処置状態 | 処置内容と証拠 | 完了日 | 影響度 S | 発生度 O | 検出度 D | 特殊特性 | 処置優先度 AP | 備考 |
|---|---|---|---|---|---|---|---|---|---|---|---|---|---|---|---|---|---|---|---|---|
| 1 | | | | | | | | | | | | | | | | | | | | |
| 2 | | | | | | | | | | | | | | | | | | | | |
| ・・ | | | | | | | | | | | | | | | | | | | | |

[備考] 注1：継続的改善、注2：履歴／変更承認（該当する場合）、＊：オプション

図 4.34　プロセス FMEA 様式の例

| ステップ | 項 目 | 内 容 |
|---|---|---|
| ステップ2<br>構造分析 | プロセス | ・プロセス、サブプロセス、要素プロセスの名称 |
| | プロセスステップ／分析<br>対象(focus element) | ・プロセスを生み出す分析対象のプロセスステップ |
| | プロセス作業要素 | ・4M を使用して、分析対象のプロセスステップに影響を与える変動の種類を特定する。 |
| ステップ3<br>機能分析 | プロセスの機能 | ・プロセス、サブプロセス、要素プロセスの機能(達成することが期待される内容) |
| | プロセスステップ／分析<br>対象の機能・製品特性 | ・プロセスステップが何を達成しなければならないかの記述<br>・故障モードは、要求される機能を満たさないこととなる。 |
| | プロセス作業要素の機<br>能・プロセス特性 | ・各4M に要求される機能を含む、作業の完了方法を満たす方法<br>・故障原因は、要求される機能を満たさないこととなる。 |
| ステップ4<br>故障分析 | プロセス機能の故障影響<br>(FE) | ・プロセスが、要求されている機能を実行できない方法<br>・各顧客(自工場、出荷先工場、エンドユーザー)にどのように影響するかを考慮する。 |
| | FE の影響度(S) | ・影響度(S)評価基準に従って評価 |
| | プロセスステップ／分析<br>対象の故障モード(FM) | ・故障モードは、要求される機能を満たさないこととなる。 |
| | 作業要素の故障原因<br>(FC) | ・故障原因は、"プロセス作業要素の機能・プロセス特性" に記載されている要求される機能を満たさないこととなる。<br>・故障原因は、検出可能で、故障モードにつながる。<br>・入ってくる部品／材料は問題ないものと仮定する。 |
| ステップ5<br>リスク分析 | FC に対する現在の予防<br>管理(PC) | ・実績のある従来の予防管理または計画されている管理<br>・不良が発生しないように工程管理(TPM、SPC など) |
| | PC の発生度(O) | ・発生度(O)評価基準に従って評価 |
| | FC/FM に対する現在の<br>検出管理(DC) | ・実績のある従来の検出管理または計画されている管理<br>・不良を検査で検出(各種検査・試験) |
| | FC/FM の検出度(D) | ・検出度(D)評価基準に従って評価 |
| | 処置優先度(AP) | ・処置優先度(AP)評価基準に従って評価 |
| | 特殊特性 | ・安全性、法規制順守、その後の生産性に影響する特性 |
| | フィルターコード＊ | ・仕様への適合のためにプロセス管理が必要な特性 |
| ステップ6<br>最適化 | 追加の予防処置 | ・発生度を減らすための追加のアクション |
| | 追加の検出処置 | ・検出度を上げるための追加のアクション |
| | 責任者 | ・役職や部署ではなく名前 |
| | 完了予定日 | ・年月日 |
| | 処置状態 | ・未計画、決定保留、実施保留、完了、処置なし |
| | 処置内容と証拠 | ・処置内容、文書番号、報告書名称、日付など |
| | 完了日 | ・年月日 |
| | 影響度(S) | ・処置後の厳しさ(S) |
| | 発生度(O) | ・処置後の発生度(O) |
| | 検出度(D) | ・処置後の検出度(D) |
| | 処置優先度(AP) | ・処置後の処置優先度(AP) |
| | 特殊特性 | ・安全性、法規制順守、その後の生産性に影響する特性 |
| | 備考 | ・PFMEA チーム使用欄 |

［備考］ ＊：オプション

図 4.35 プロセス FMEA 様式の各項目の内容

　作業要素の 4M は、特性要因図の 6M でもよいでしょう（図 4.38 参照）。

　ステップ 4（故障分析）では、各分析対象に対して、どのような故障モードが起こる可能性があるか、その故障が起こった場合に、顧客にどのような影響があるか、その原因は何かを検討します。そして顧客への影響の程度（影響度、S）を、図 4.41（p.114）の評価表で評価します。このときに、故障分析構造ツリーを作成すると効果的です（図 4.39 参照）。

　プロセス FMEA では、入ってくる部品／材料は問題ないものと仮定します。すなわち部品／材料は、別途部品／材料の FMEA として考えます。

　ステップ 5（リスク分析）では、故障モードに対して、現在どのような予防管理および検出管理を行っているかを明確にして、その管理の程度すなわち発生度（O）および検出度（D）を、図 4.40 および図 4.42（p.115）の評価表で評価し、リスク低減の処置をとる処置優先度（AP）を、設計 FMEA と同じ図 4.30（p.105）の評価表で評価します。

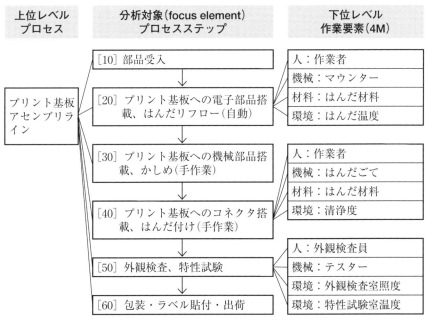

**図 4.36　構造分析構造ツリーの例（プリント基板アセンブリ）**

| プロセスフロー<br>例：<br>・部品受入、部品搭載、はんだリフロー、外観検査、特性試験、包装、出荷 | プロセスノイズ因子(4M) | | | | コアプロセス<br>例：<br>・各プロセスステップの定義 |
|---|---|---|---|---|---|
| | 人<br>例：<br>・作業者の行動 | 機械<br>例：<br>・故障、摩耗、修理 | 材料<br>例：<br>・供給部品の品質・検証 | 環境<br>例：<br>・温度 | |

| インプット部品<br>例：<br>・電子部品、コネクタ、プリント基板 | インプット ⇒ | プロセス<br>・プリント基板アセンブリライン | アウトプット ⇒<br>意図しないアウトプット | 意図したアウトプット<br>例：<br>・プリント基板アセンブリ |
|---|---|---|---|---|

| プロセス機能/製品特性/要求事項<br>例：<br>・カーナビメンユニットが適切に動作 | 製品への要求事項/設計インタフェース<br>例：<br>・部品の取扱い、作業者の安全性 | プロセス要求事項<br>例：<br>・JIT、OEE、MTBF、健康・安全要求事項 | 意図しないアウトプット<br>例：<br>・不良品、廃棄物 |
|---|---|---|---|

**図 4.37　パラメータ図の例（プリント基板アセンブリライン）**

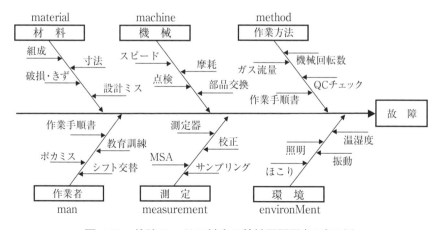

**図 4.38　故障モードに対する特性要因図（6M）の例**

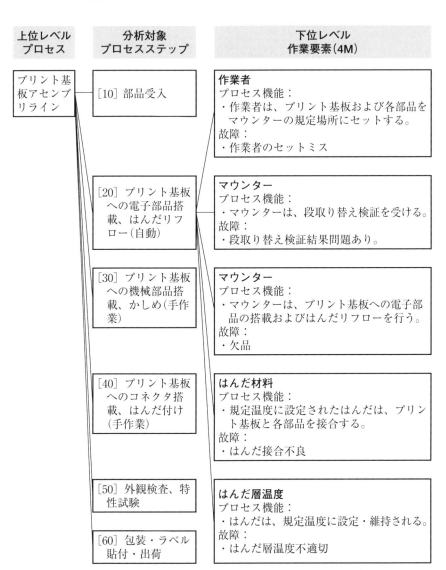

図 4.39 故障分析構造ツリーの例（プリント基板アセンブリ）

　ステップ 6（最適化）では、リスク低減の処置、すなわち追加の予防処置または検出処置を計画して実施し、処置後の影響度（S）、発生度（O）、検出度（D）、および処置優先度（AP）を再評価します。

ステップ7(結果の文書化)では、分析結果と結論を文書化し、伝達します。

## 4.3.3 プロセスFMEAの評価基準

プロセスFMEAの評価基準として、影響度(S)、発生度(O)および検出度(D)を図4.40〜図4.42に示します。各評価表ともに、設計FMEAと同様ユーザー記入欄が設けられています。

なお図4.41の影響度(S)は、自工場(次工程)への影響、出荷先工場(直接顧客)への影響およびエンドユーザーへの影響の3つに分かれています。エンドユーザーへの影響は、設計FMEAと同じです。また図4.40の発生度(O)は、予防管理の内容に依存することになります。処置優先度(AP)および期待される処置は、設計FMEAと同じです(図4.30、図4.31、p.105参照)。

## 4.3.4 プロセスFMEAの実施例

プロセスFMEAの実施例を図4.43(p.116)に示します。

| O | 発生度(occurrence)の基準 | | | 注 |
|---|---|---|---|---|
| | 管理の種類 | 予防管理 | | |
| 10 | なし | 予防管理なし | | |
| 9 | 行動的(behavioral) | 予防管理は、故障原因の予防に | ほとんど効果がない。 | |
| 8 | | | | |
| 7 | 行動的または技術的(technical) | | いくらか効果的 | |
| 6 | | | | |
| 5 | | | 効果的 | |
| 4 | | | | |
| 3 | ベストプラクティス、行動的または技術的 | | 非常に効果的 | |
| 2 | | | | |
| 1 | 技術的 | 設計(例:部品形状)またはプロセス(例:治工具設計)に起因する故障原因の発生防止に有効な予防管理で、故障は発生しない。 | | |

［注］ユーザー記入欄。組織または製品ラインの例を記載(他の評価基準表も同様)

図4.40 プロセスFMEA評価基準−発生度(O)

| S | 影響度（severity）の基準 | | | |
|---|---|---|---|---|
| | 自工場への影響 | 出荷先工場（直接顧客）への影響（既知の場合） | エンドユーザーへの影響（既知の場合） | |
| 10 | 故障によって、製造／組立作業者に、健康上／安全上のリスクが生じる。 | | 車両／他の車両の安全運転に影響、また車両の運転者や同乗者、道路使用者／歩行者の健康に影響 | |
| 9 | 工場規制違反となる。 | | | |
| 8 | 影響を受ける生産工程の100％が廃棄される。 | ライン停止、出荷の中止市場での修理／交換が必要（エンドユーザー向けの組立） | （予想される車両の耐用期間内の通常の運転に必要な）車両の主要機能の | 喪失 |
| 7 | 製品は選別され、一部廃棄される。主要工程からの逸脱、ラインスピードの低下、マンパワーの増加を招く。 | 1時間からフル生産までのラインの停止または出荷の中止現場での修理／交換が必要（エンドユーザー向けの組立） | | 低下 |
| 6 | 生産工程の100％が、 | オフラインで再加工して、受け容れられる必要がある。 | 1時間以内のライン停止 | 車両の二次機能の 喪失 |
| 5 | 生産工程の一部が、 | | 一部の製品が影響を受ける。追加の不良品の可能性が高く、選別が必要ラインはシャットダウンしない。 | 低下 |
| 4 | 生産工程の100％が、 | ステーション（自工程）内で再加工する必要がある。 | 不良品は重大な対応計画が必要 | それ以外の不良品の選別は必要ない。 | 非常に | 不快な外観、騒音、振動、乗り心地、または触覚 |
| 3 | 生産工程の一部が、 | | 不良品は軽微な対応計画が必要 | | やや | |
| 2 | プロセス、操作、作業者にとって少し不便 | | 不良品は対応計画を必要としない。 | サプライヤーへのフィードバックが必要 | 少し | |
| 1 | 認識できる影響はない。 | | | | | |

図 4.41　プロセス FMEA 評価基準－影響度（S）

| D | 検出度(detection)の評価基準 | | | |
|---|---|---|---|---|
| | 検出方法の成熟度<br>(maturity) | 検出の可能性<br>(opportunity) | | |
| 10 | 試験/検査方法が確立されていない。 | 故障モードは検出されないか、検出できない。 | | |
| 9 | 試験/検査方法が故障モードを検出することはほとんどない。 | 故障モードは、不定期または散発的な監査(評価・検証)では簡単には検出されない。 | | |
| 8 | 試験/検査方法は、効果的で信頼性があることが証明されていない。 | 故障モードまたは故障原因を検出するための、人による検査(目視、触覚、聴覚)、または手動ゲージ(計数または計量)の使用 | | |
| 7 | | 機械ベースの検出(ライトやブザーによる通知を伴う半自動)、または故障モードや故障原因を検出する三次元測定機などの検査機器の使用 | | |
| 6 | 試験/検査方法は、効果的かつ信頼性があることが証明されている。 | 故障モードまたは故障原因を検出するための、人による検査(目視、触覚、聴覚)、または手動ゲージ(計数または計量)の使用(製品サンプルチェックを含む) | | |
| 5 | | 機械ベースの検出(ライトやブザーによる通知を伴う半自動)、または故障モードや故障原因を検出する三次元測定機などの検査機器の使用(製品サンプルチェックを含む) | | |
| 4 | 試験/検査のシステムは、効果的で信頼性があることが証明されている。 | 後工程の故障モードを検出し、 | それ以降の処置を防止する機械ベースの自動検出システムによって、製品を不適合として識別し、指定された不合格品置き場まで自動的に進める。 | |
| 3 | | 故障モードをステーション(自工程)内で検出し、 | 不適合製品は、工場からの製品の流出を防ぐロバスト(頑強)なシステムによって管理されている。 | |
| 2 | 検出方法は効果的かつ信頼性があることが証明されている。<br>例:方法、ポカヨケ検証などの経験がある。 | 原因を検出し、故障モード(不適合製品)が発生しないようにする機械ベースの検出方法 | | |
| 1 | 設計あるいは製造工程によって、故障モードは物理的に発生しない。 | あるいは検出方法が、故障モードまたは故障原因を常に検出することが証明されている。 | | |

図 4.42　プロセス FMEA 評価基準ー検出度(D)

| 構造分析（ステップ 2） | | | |
|---|---|---|---|
| No. | プロセス | プロセスステップ／分析対象 | プロセス作業要素 |
| 1 | プリント基板アセンブリライン | [20] プリント基板はんだリフロープロセス | 人：作業者<br>機械：マウンター<br>材料：はんだ材料<br>環境：はんだ温度 |
| 2 | | | |

| 機能分析（ステップ 3） | | |
|---|---|---|
| | プロセスの機能 | プロセスステップ／分析対象の機能・製品特性 | プロセス作業要素の機能・プロセス特性 |
| 1 | カーナビメンユニットの動作 | プリント基板に部品を搭載し、はんだリフローで自動はんだ付け | 人：資格認定作業者<br>機械：基板に部品を搭載<br>材料：指定規格はんだ使用<br>環境：はんだ層温度の設定 |
| 2 | | | |

| 故障分析（ステップ 4） | | | | |
|---|---|---|---|---|
| No. | プロセス機能の故障影響（FE） | S | プロセスステップ／分析対象の故障モード（FM） | プロセス作業要素の故障原因（FC） |
| 1-1 | カーナビメンユニットが適切に動作しない。 | 6 | 欠品 | 機械：マウンター保全不良 |
| 1-2 | | | はんだ接合不良 | 人：はんだ温度設定ミス |
| 1-3 | | | | 材料：指定外はんだ使用 |
| 1-4 | | | | 環境：はんだ層温度不良 |
| 2 | | | | |

| リスク分析（ステップ 5） | | | | | |
|---|---|---|---|---|---|
| No. | FC に対する現在の予防管理（PC） | O | FC/FM に対する現在の検出管理（DC） | D | AP |
| 1-1 | 機械：マウンターの定期点検 | 6 | 外観検査、特性試験 | 6 | M |
| 1-2 | 人：資格認定 | 6 | 外観検査、特性試験 | 6 | M |
| 1-3 | 材料：はんだ品番使用前確認 | 6 | 外観検査、特性試験 | 6 | M |
| 1-4 | 環境：はんだ層温度定期確認 | 6 | 外観検査、特性試験 | 6 | M |
| 2 | | | | | |

| ステップ 6　最適化 | | | | | |
|---|---|---|---|---|---|
| | 追加の予防処置 | 追加の検出処置 | S | O | D | AP |
| 1-1 | 部品搭載位置監視カメラ設置、欠品自動検出 | なし | 6 | 4 | 6 | L |
| : | | | | | | |

図 4.43　プロセス FMEA の実施例（カーナビ）

# 4.4 FMEA-MSR

## 4.4.1 FMEA-MSR の概要

　FMEA-MSR（監視およびシステム応答の補足 FMEA、supplemental FMEA for monitoring & system response）では、顧客運用条件下で発生する可能性のある潜在的な故障原因が、システム、車両、人員、および法規制順守に対する影響に対して分析されます。顧客運用（customer operation）には、エンドユーザーの運転および自動車の整備などがあります。この方法は、故障原因または故障モードがシステムによって検出されるか、または故障影響が運転者によって検出されるかどうかを考慮します。

　FMEA-MSR によって、現在の故障リスクの状態を評価し、許容可能な残存リスク（システム応答すなわち安全対策を行った後に残るリスク）の条件と比較することによって、追加の監視の必要性を判断することができます。

　このように、設計 FMEA とプロセス FMEA が製品の設計段階および製造段階で、故障のリスク（顧客への影響度 S、発生度 O および検出度 D）を低減する活動であるのに対して、FMEA-MSR は、市場（自動車の運転や整備中）の故障のリスク（顧客への影響度 S、発生頻度 F および監視度 M）を低減する活動です。FMEA-MSR の概要を図 4.45 に示します。

　故障（failure）とは、障害（fault）によって誤動作が発生し、最終的なシステム状態（故障影響）に至る可能性のある出来事が発生する動作条件です。

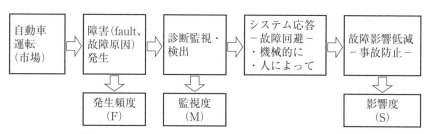

図 4.44　FMEA-MSR における監視とシステム応答

| 項　　目 | 実施事項 |
|---|---|
| FMEA-MSRとは | ① FMEA-MSR（監視およびシステム応答の補足 FMEA、supplemental FMEA for monitoring & system response）では、顧客運用（customer operation）下で発生する可能性のある故障原因が、システム、車両、人、および法規制順守への影響の観点から分析される。顧客運用には、エンドユーザーの運転中の操作や自動車の整備などがある。<br>② FMEA-MSR では、故障原因または故障モードがシステムによって検出されるか、または故障影響が運転者によって検出されるかどうかを考慮する。これは、安全性または法規制順守の維持のために必要な場合に適用される。 |
| FMEA-MSRに含まれるリスク要素 | ① FMEA-MSR には、以下のリスク要素が含まれる。<br>a）影響度（S、severity）：危害、法規制順守違反、機能の喪失または低下、および許容できない顧客への影響<br>b）発生頻度（F、frequency）：運用状況から推定される故障原因の頻度<br>c）監視度（M、monitoring）：診断検出および自動応答による故障影響を回避または制限するための技術的可能性と、人の知覚および反応による故障影響を回避または制限できる可能性との組合わせ<br>② F（発生頻度）と M（監視度）の組合わせは、障害（fault、故障原因）およびその結果として生じる機能不全の動作（故障モード）による、故障影響の推定発生確率である。 |
| FMEA-MSRの役割 | ① FMEA-MSR は、安全な、または法規制順守の状態を達成し維持するための、診断・論理・動作メカニズムの能力の証拠を提供する。特に、障害処理時間間隔（FHTI）および耐障害時間間隔（FTTI）内の適切な故障低減能力<br>② 顧客運用中の障害（fault）／故障（failure）の検出は、運用状態の低下（縮退）への切替え（車両の停止を含む）、運転者への通知、または整備のための制御ユニットへの故障コード（DTC、diagnostic trouble code）の書込みによって、元の故障影響を回避するために使用できる。 |
| 故障のシナリオ | ① FMEA-MSR における分析の焦点は、診断能力を有する構成要素（部品）、例えば ECU（電子制御装置）となる。<br>② ECU が障害／故障を検出できない場合は、故障モードが発生し、それに対応する程度の最終的な影響に至る。<br>③ ECU が故障を検出できる場合は、元の故障影響に比べて程度の低い故障影響のシステム応答となる。 |

図 4.45　FMEA-MSR の概要

FMEA-MSR における分析対象は、診断能力をもつ構成要素（部品）、例えば ECU（電子制御装置、electronic control unit）となります。ECU が障害／故障（fault/failure）を検出できない場合は、故障モード（故障）が発生し、それに対応する程度の影響度で最終結果につながります。しかし、ECU が故障を検出できる場合は、元の故障の影響に比べて影響度が低い故障影響のシステム応答につなげることができます（図 4.44（p.117）参照）。

## 4.4.2 FMEA-MSR のステップ

FMEA-MSR も設計 FMEA と同様、図 4.5（p.87）に示した 7 ステップアプローチで実施します。FMEA-MSR 実施のフローを図 4.46 に、FMEA-MSR の様式の例を図 4.47 に、FMEA-MSR 様式の各項目の内容を図 4.48 に示します。

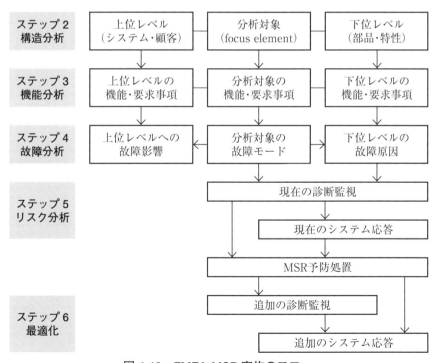

図 4.46　FMEA-MSR 実施のフロー

**計画と準備（ステップ1）**

| 組織名：<br>技術部門の場所：<br>顧客名または製品ファミリー：<br>モデル年／プログラム： | 件名（FMEA-MSRプロジェクト名）：<br>FMEA-MSR 開始日：<br>FMEA-MSR改訂日：<br>部門横断チーム： | FMEA-MSR ID番号：<br>設計責任（FMEA-MSRオーナーの名前）：<br>機密性レベル： |
|---|---|---|

**構造分析（ステップ2）**

| 注1<br>注2 | 番号 | 上位レベル | 分析対象<br>focus element | 下位レベル |
|---|---|---|---|---|
| | 1 | | | |
| | 2 | | | |
| | … | | | |

**機能分析（ステップ3）**

| 上位レベルの機能・要求事項 | 分析対象の機能・要求事項 | 下位レベルの機能・要求事項 |
|---|---|---|

**故障分析（ステップ4）（注4）**

| 上位レベルの故障影響<br>FE | 分析対象の故障モード<br>FM / FEの影響度S | 下位レベルの故障原因<br>FC |
|---|---|---|

**DFMEA リスク分析（ステップ5）**

| 番号 | FCに対する現在の予防管理<br>PC | 発生頻度の根拠 / FCの発生度O | FC/FMに対する現在の検出管理<br>DC | 検出度D / FMの / 処置優先度AP / ＊ |
|---|---|---|---|---|
| 1 | | | | |
| 2 | | | | |
| … | | | | |

**DFMEA 最適化（ステップ6）**

| 追加の予防処置 | 追加の検出処置 | ＊ | 責任者 | 完了予定日 | 処置状態 | 処置内容と証拠 | 完了日 | 影響度S / 発生度O / 検出度D / 処置優先度AP |
|---|---|---|---|---|---|---|---|---|

**FMEA-MSR リスク分析（ステップ5）**

| 番号 | 発生頻度の根拠 / FCの発生頻度F | 現在の診断監視 / 現在のシステム応答 | 監視度M | システム応答後の最も大きな故障影響 / システム応答後のS / MSR後のFE | 故障分析後のS 注3 / 処置優先度AP 注4 |
|---|---|---|---|---|---|
| 1 | | | | | |
| 2 | | | | | |
| … | | | | | |

**FMEA-MSR 最適化（ステップ6）**

| 番号 | MSR予防処置 | 追加の診断監視 | 追加のシステム応答 | システム応答後の最も大きな故障影響S / MSR後のFE / 故障分析後のS 注3 / 処置優先度AP 注4 | ＊ | 責任者の名前 | 完了予定日 | 処置状態 | 処置内容と証拠 | 完了日 | 監視度M / 発生頻度F / 影響度S / 故障分析後のS 注4 / 処置優先度AP |
|---|---|---|---|---|---|---|---|---|---|---|---|
| 1 | | | | | | | | | | | |
| 2 | | | | | | | | | | | |
| … | | | | | | | | | | | |

備考

図 4.47　FMEA-MSR 様式の例

[備考]　注1：継続的改善、注2：履歴／変更承認（該当する場合）、注3：MSR後のFEの影響度、注4：故障分析（ステップ4）後の元のFEの影響度、＊：フィルターコード（オプション）

| ステップ | 項　目 | 内　容 |
|---|---|---|
| ステップ2<br>構造分析 | 上位レベル | ・システム、サブシステム、サブシステムの集合、車両 |
| | 分析対象(focus element) | ・サブシステム、部品、インタフェース名 |
| | 下位レベル | ・部品、特性、インタフェース名 |
| ステップ3<br>機能分析 | 上位レベルの機能・要求事項 | ・車両、システムまたはサブシステムの機能・要求事項<br>または意図されたアウトプット |
| | 分析対象の機能・要求事項 | ・サブシステム、部品またはインタフェースの機能・要求事項または意図されたアウトプット |
| | 下位レベルの機能・要求事項 | ・部品またはインタフェースの機能または特性 |
| ステップ4<br>故障分析 | 上位レベルの故障影響(FE) | ・車両、システム、サブシステムが、上位レベルで要求されている機能を実行できない(失敗する)可能性がある方法 |
| | FE の影響度(S) | ・影響度(S)評価基準に従って評価 |
| | 分析対象の故障モード(FM) | ・分析対象が要求機能を実行できず、故障影響につながる可能性がある方法 |
| | 下位レベルの故障原因(FC) | ・サブシステム、部品またはインタフェースが、下位レベルの機能を実行できず、故障モードになる可能性がある方法 |
| FMEA-MSR<br>ステップ5<br>リスク分析 | 発生頻度の根拠 | ・発生頻度評価の理由に関するコメント |
| | FC の発生頻度(F) | ・発生頻度(F)評価基準に従って評価 |
| | 現在の診断監視 | ・車両使用中の障害検出方法 |
| | 現在のシステム応答 | ・車両使用中の診断監視結果に対する応答動作 |
| | 監視度(M) | ・監視度(M)評価基準に従って評価 |
| | システム応答後の最も大きな故障影響 | ・監視後のエンドユーザーレベルへの潜在的影響およびシステム応答管理が実施されている。 |
| | MSR 後の FE の影響度(S) | ・影響度(S)評価基準に従って評価 |
| | 故障分析後の FE の影響度(S) | ・ステップ4故障分析後の FE の影響度 |
| | 処置優先度(AP) | ・処置優先度(AP)評価基準に従って評価 |
| | フィルターコード＊ | ・仕様への適合のためにプロセス管理が必要な特性 |
| FMEA-MSR<br>ステップ6<br>最適化 | MSR 予防処置 | ・発生頻度を減らすために必要な追加の予防処置 |
| | 追加の診断監視処置 | ・車両使用中の追加の障害検出方法 |
| | 追加のシステム応答 | ・車両使用中の診断監視結果に対する追加の応答動作 |
| | システム応答後の最も大きな故障影響 | ・監視・システム応答後のエンドユーザーレベルに対する、潜在的な影響 |
| | MSR 後の影響度(S) | ・影響度(S)評価基準に従って評価 |
| | 責任者 | ・役職や部署ではなく名前 |
| | 完了予定日 | ・年月日 |
| | 処置状態 | ・未決定、決定保留、実施保留、完了、処置なし |
| | 処置内容と証拠 | ・取られた処置の記述と文書番号、報告書の名称と日付など |
| | 完了日 | ・年月日 |
| | FC の発生頻度(F) | ・発生頻度(F)評価基準に従って評価 |
| | 処置後の監視度(M) | ・監視度(M)評価基準に従って評価 |
| | 故障分析後の FE の影響度(S) | ・ステップ4故障分析後の FE の影響度 |
| | 処置優先度(AP) | ・処置優先度(AP)評価基準に従って評価 |
| | 備考 | ・FMEA-MSR チーム使用欄 |

［備考］　DFMEA のステップ5～ステップ6も実施。ステップ2～4は DFMEA と同じ。
　　　　＊：オプション

## 図 4.48　FMEA-MSR 様式の各項目の内容

## 4.4.3　FMEA-MSR の実施

　FMEA-MSR では、車載用の電子制御システムが対象となります。FMEA-MSR は、電子制御装置（ECU、electronic control unit）が、故障（failure）の原因である障害（fault）の発生を監視（monitoring）し、障害が発生した場合に検知して、大きな故障（事故）が起こらないように応答（response）するものです。

　例えば、図 4.50 の電動スライドドアシステムでは、電動ドアに挟まれそうになった場合に、挟まれて怪我をするのを防止するようにします（図 4.52、図 4.54 参照）。

　電子制御システムは、図 4.49 に示すように、センサー（sensor）、電子制御装置（ECU）およびアクチュエータ（actuator）で構成されます。センサーで必要な情報を受け取り、電子制御装置で種々の情報から必要な処置を決定し、アクチュエータを働かせて、必要な装置や部品を動作させます。

　FMEA-MSR も設計 FMEA と同様、7 ステップで実施します。ステップ 1 からステップ 4 までの進め方は、設計 FMEA と同じです。

　図 4.19（p.98）に示した構造ツリー作成の手順に従って、設計 FMEA と同様、各種の構造ツリーを作成して、各ステップを進めると効果的です（図 4.51 参照）。

　ステップ 4 では、各分析対象に対してどのような故障モードが起こる可能性があるか、顧客にどのような影響があるか、その原因は何かを検討します。顧客への影響度（S）を、設計 FMEA 同じ図 4.55（p.126）に従って評価します。

　ステップ 5 とステップ 6 は、設計 FMEA とは異なります。まず、ステップ 5（リスク分析）とステップ 6（最適化）について、設計 FMEA と同様の方法で実施します。そして次に、FMEA-MSA としてのステップ 5 とステップ 6 を行い

図 4.49　電子制御システムの例

ます。

　FMEA-MSR のステップ 5 では、電子制御システムが、故障の原因である障害(fault)の発生を監視し、障害が発生した場合に検知して、大きな故障(事故)が起こらないように応答します。そのために、障害の発生頻度(F、frequency)と監視度(M、monitoring)の程度を評価します(図 4.56(p.126)、図 4.57(p.127)参照)。

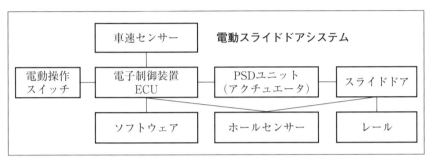

**図 4.50　ブロック図／境界図の例(電動スライドドアシステム)**

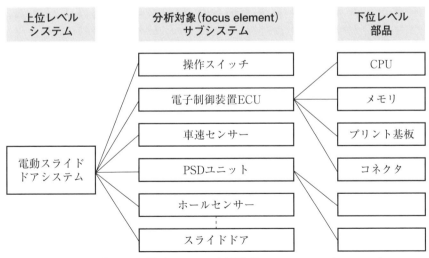

**図 4.51　構造分析構造ツリーの例(電動スライドドアシステム)**

影響度(S)、発生頻度(F)および監視度(M)から、処置優先度(AP、action priority)を評価します(図 4.58(p.128)参照)。

ステップ 6(最適化)では、追加の予防処置と診断監視の処置を計画して実施し、処置後の処置優先度(AP)を再評価します。

なお、FMEA-MSR の最適化は、図 4.59(p.128)に示す順序で行うと効果的です。

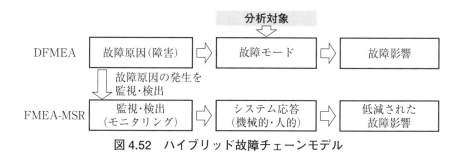

図 4.52　ハイブリッド故障チェーンモデル

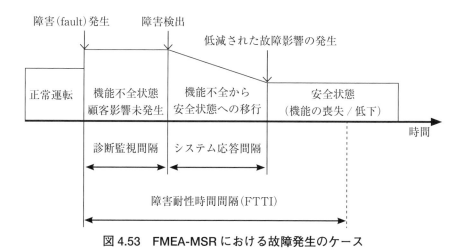

図 4.53　FMEA-MSR における故障発生のケース

| 故障影響 | 故障モード | 故障原因 |
|---|---|---|
| 電動スライドドアシステム | センサー | センサー |
| 電動スライドドアと車体の間に、挟まれる可能性がある。 | 挟まれが発生した場合に、ECUからPSDユニットに信号が送信されない。 | センサー故障により、信号がECUに伝達されない。 |

（a）監視のない場合

| 故障影響（意図した動作） | 故障モード（意図した動作） | 故障原因 |
|---|---|---|
| 電動スライドドアシステム | センサー | センサー |
| 電動スライドドアは手動モードで動作する。 | センサー故障の有無をECUで監視 | センサー故障により、信号がECUに伝達される。 |

（b）監視のある場合

図 4.54　故障チェーン構造の例（電動スライドドアシステム）

障害（fault）発生を監視・検出し、システムとして応答するフローを図 4.53（p.124）に示します。この図の障害耐性時間間隔（FTTI、フォールト・トレラント期間間隔、fault tolerant time interval）は、障害（fault、故障の原因）発生後この時間内に応答すれば、事故にならないことを意味します。

ステップ 7（結果の文書化）では、分析結果と結論を文書化し、伝達します。

## 4.4.4　FMEA-MSR の評価基準

FMEA の評価基準として、影響度（S）、発生頻度（F）、監視度（M）および処置優先度（AP）をそれぞれ図 4.55 〜図 4.58（pp.126 〜 128）に示します。FMEA-MSR の影響度（S）の評価基準は、設計 FMEA と同じです。

## 4.4.5　FMEA-MSR の実施例

FMEA-MSR の実施例を図 4.60（p.129）に示します。

| S | 影響度(severity)の基準 | | 注 |
|---|---|---|---|
| 10 | 車両または他の車両の安全な運転に影響する。<br>車両の運転者／同乗者の健康、道路の利用者／歩行者の健康に影響する。 | | |
| 9 | 法規制違反となる。 | | |
| 8 | （車両の耐用期間内の通常運転に必要な）<br>車両の主要機能の | 喪失 | |
| 7 | | 低下 | |
| 6 | 車両の二次機能の | 喪失 | |
| 5 | | 低下 | |
| 4 | 非常に | 不快な外観、騒音、振動、<br>乗り心地、または触覚 | |
| 3 | やや | | |
| 2 | 少し | | |
| 1 | 認識できる影響はない。 | | |

［注］ユーザー記入欄。組織または製品ラインの基準を記載(他の評価基準表も同様)

**図 4.55　FMEA-MSR 評価基準－影響度(S)**

| F | 発生頻度(frequency)の基準 | | |
|---|---|---|---|
| 10 | 故障原因の発生頻度は、不明または、車両の意図された耐用期間内に許容できないほど高いことがわかっている。 | | |
| 9 | 故障原因は、車両の意図された耐用期間内に、 | 発生する可能性が高い。 | |
| 8 | | 市場でしばしば発生する可能性がある。 | |
| 7 | | 市場でときどき発生する可能性がある。 | |
| 6 | | 市場でときには発生する可能性がある。 | |
| 5 | | 市場でたまに発生する可能性がある。 | |
| 4 | | 市場ではほとんど発生しないと予測される。 | 市場で少なくとも 10 回の発生が予測される。 |
| 3 | | 市場での特殊なケースで発生すると予測される。 | 市場で少なくとも 1 回の発生が予測される。 |
| 2 | | 類似製品の予防管理、検出管理および市場での経験にもとづいて、市場で発生しないという証拠はない。 | |
| 1 | | 故障原因が発生し得ないという証拠があり、論理的根拠が文書化されている。 | |

**図 4.56　FMEA-MSR 評価基準－発生頻度(F)**

| M | 監視度(monitoring)の基準 | | |
|---|---|---|---|
| | 診断監視(diagnostic monitoring)／知覚(sensory perception)の基準 | | システム応答(system response)／人の応答(human reaction)の基準 |
| 10 | 障害(fault)／故障(failure)は、システム、運転者、同乗者またはサービス技術者によって、まったく検出できないか、または FTTI 内に検出できない。 | | FTTI 内の応答がない。 |
| 9 | 障害／故障は、関連する運用条件でほとんど検出されない。 | 最小限の診断率 | 確実には取られない可能性がある。 |
| 8 | 障害／故障は、関連する運用状況において、ほぼ検出できない。／ 有効性が低い、ばらつきが大きい、または不確実性が高い監視管理 | 診断率<60% | システム／運転者による障害／故障に対する応答処置は、FTTI 内に、／ 常に取られるとは限らない。 |
| 7 | 障害／故障は、システム／運転者によって、FTTI 内に、検出される可能性は低い。 | 診断率>60% | 取られる可能性は低い。 |
| 6 | 障害／故障は、起動中にのみ、システム／運転者によって自動的に検出され、検出時間は中程度に変動する。 | 診断率>90% | 多くの運用条件 |
| 5 | 障害／故障は、FTTI 内に、検出時間の中程度のばらつきで、システムで自動的に検出されるか、または非常に多くの動作条件で、運転者によって検出される。 | 診断率90〜97% | 自動化システム／運転者は、非常に多くの運用条件において、検出された障害／故障に応答することができる。 |
| 4 | 障害／故障は、FTTI 内に、検出時間の中程度のばらつきで、システムで自動的に検出されるか、またはほとんどの動作条件で、運転者によって検出される。 | 診断率>97% | 自動化システム／運転者は、FTTI 内に、ほとんどの運用状態において、検出された障害／故障に応答することができる。 |
| 3 | 障害／故障は、FTTI 内に、検出時間の変動が非常に少なく、高い確率で、システムによって自動的に検出される。 | 診断率>99% | FTTI 内に検出された障害／故障に対して、システム応答時間の変動が非常に少なく、ほとんどの動作条件において、高い確率で自動的に応答する。 |
| 2 | 障害／故障は、FTTI 内に、検出時間の変動が非常に少なく、非常に高い確率で、システムによって自動的に検出される。 | 診断率>99.9% | FTTI 内に検出された障害／故障に対して、システム応答時間の変動が非常に少なく、非常に高い確率で自動的に応答する。 |
| 1 | 障害／故障は常にシステムによって自動的に検出される。 | 診断率>99.9% | システムは、FTTI 内に検出された障害／故障に対して、常に自動的に応答する。 |

［備考］FTTI：障害耐性時間間隔(fault tolerant time interval)

図 4.57　FMEA-MSR 評価基準－監視度（M）

| S(影響度) | F(発生頻度) | M(監視度) | | | | | | |
|---|---|---|---|---|---|---|---|---|
| | | 10-9 | 8-7 | 6 | 5 | 4 | 3-2 | 1 |
| 10 | 10-5 | H | H | H | H | H | H | H |
| | 4 | H | H | H | H | H | H | M |
| | 3 | H | H | H | H | H | M | L |
| | 2 | M | M | M | M | M | L | L |
| | 1 | L | L | L | L | L | L | L |
| 9 | 10-4 | H | H | H | H | H | H | H |
| | 3-2 | H | H | H | H | H | H | L |
| | 1 | L | L | L | L | L | L | L |
| 8-7 | 10-6 | H | H | H | H | H | H | H |
| | 5 | H | H | H | H | M | M | M |
| | 4 | H | H | M | M | M | L | L |
| | 3 | H | M | L | L | L | L | L |
| | 2 | M | M | L | L | L | L | L |
| | 1 | L | L | L | L | L | L | L |
| 6-4 | 10-7 | H | H | H | H | H | H | H |
| | 6-5 | H | H | H | M | M | M | M |
| | 4-2 | M | M | L | L | L | L | L |
| | 1 | L | L | L | L | L | L | L |
| 3-2 | 10-7 | H | H | H | H | H | H | H |
| | 6-5 | M | M | L | L | L | L | L |
| | 4-1 | L | L | L | L | L | L | L |
| 1 | 10-1 | L | L | L | L | L | L | L |

［備考］H：高(high)、M：中(medium)、L：低(low)

**図 4.58　FMEA-MSR の処置優先度(AP)**

| 順序 | 目的 | 実施事項 |
|---|---|---|
| ① | 故障影響(FE)の排除・低減、すなわち影響度(S)の低減 | 設計変更 |
| ② | 故障原因(FC)の発生頻度(F)の低減 | 追加の予防処置(例：構成部品の設計変更) |
| ③ | 故障原因(FC)／故障モード(FM)の監視度(M)の向上 | 追加の診断監視・システム応答処置 |

**図 4.59　FMEA 最適化の順序**

| 構造分析（ステップ2） | | | |
|---|---|---|---|
| | 上位レベル | 分析対象 | 下位レベル |
| 1-1 | 電動スライドドアシステム | 電子制御装置 ECU | CPU |
| 1-2 | | | メモリ |
| | | | ⋮ |
| 2-1 | | ホールセンサー | ホールセンサー |
| 2-2 | | | コネクタ |
| | | | |

| 機能分析（ステップ3） | | |
|---|---|---|
| 上位レベルの機能・要求事項 | 分析対象の機能・要求事項 | 下位レベルの機能・要求事項 |
| 2-1 電動スライドドアシステムに挟まれ防止機能を提供する。 | 挟まれが発生した場合，ECU から PSD ユニットに，停止する信号を送信する。 | ホールセンサーから ECU に信号を送信する。 |
| | | |

| 故障分析（ステップ4） | | | |
|---|---|---|---|
| 上位レベルの故障影響 FE | S | 分析対象の故障モード FM | 下位レベルの故障原因 FC |
| 2-1 電動スライドドアと車体の間に，挟まれる可能性がある。 | 10 | 挟まれが発生した場合に，ECU から PSD ユニットに信号が送信されない。 | ホールセンサー故障により，信号が ECU に伝達されない。 |
| | | | |

| FMEA-MSR リスク分析（ステップ5） | | | | | | | | |
|---|---|---|---|---|---|---|---|---|
| 発生頻度の根拠 | F | 現在の診断監視 | 現在のシステム応答 | M | システム応答後の最も大きな故障影響 | MSR 後の S | 故障分析後の S | AP |
| 2-1 ホールセンサー故障率は確認されている。 | 2 | なし | 電動スライドドア機能無効 | 10 | 電動スライドドアは手動モードで動作する。 | 10 | 10 | M |
| | | | | | | | | |

| FMEA-MSR 最適化（ステップ6） | | | | | | | | |
|---|---|---|---|---|---|---|---|---|
| MSR 予防処置 | 追加の診断監視 | 追加のシステム応答 | システム応答後の最も大きな故障の影響 | MSR 後の S | 処置後の F | 処置後の M | 故障分析後の S | AP |
| 2-1 なし | ホールセンサー故障の有無を ECU で監視 | 電動スライドドア機能を無効にする。 | 電動スライドドアと車体の間に，挟まれる。 | 10 | 2 | 3 | 10 | L |
| | | | | | | | | |

図 4.60　FMEA-MSR の実施例（電動スライドドアシステム）

# 第5章

# SPC：
# 統計的工程管理

　この章では、IATF 16949 で要求している SPC（統計的工程管理）に関して、AIAG の SPC 参照マニュアルの内容について説明します。そして、管理図や工程能力指数の算出・評価手順について、事例を含めて説明します。

　詳細については、SPC 参照マニュアルをご参照ください。

　なお本書では、標準偏差などの計算には、パソコンソフトの Excel 関数を利用しました。これらの統計的な計算には、各種の市販のソフトウェアパッケージを利用することができます。また、各計算式で用いる係数は、SPC 参照マニュアルまたは日科技連数値表を利用することができます。

# 5.1　SPC の基礎

## 5.1.1　SPC とは

### (1)　SPC とは

　SPC（statistical process control、統計的工程管理）とは、製造工程（プロセス）を統計的技法を用いて管理することです。IATF 16949 では、安定し、かつ能力のある製造工程とすることを求めています。

　SPC には種々の技法がありますが、IATF 16949 でよく使われているものには、製造工程が安定しているかどうか、すなわち統計的に管理状態にあるかどうかを判断するための管理図（control chart）と、製造工程が製品の規格値を満たす能力があるかどうかを判断するための工程能力指数（$C_{pk}$、process capability index）があります。

### (2)　特性データの分布

　同じ製造工程で製品を製造しても、常にまったく同じ特性の製品ができるわけではありません。製造された製品の特性にはばらつき（変動）があります。製品特性の分布の例を図 5.1 に示します。測定サンプル数を十分大きな値になるまで増やして行くと、このように特性の分布を曲線で表すことができます。

　測定データの分布パターンには、次の 3 つの要素（性質）があります。

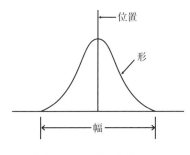

図 5.1　特性分布の要素

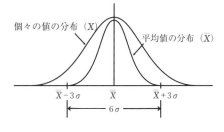

図 5.2　個々の分布と平均値の分布

① 位置：中央値(中心値)

② 幅：最大値と最小値の幅(広がり)

③ 形：分布の形(左右対称性、ゆがみなど)

　測定結果が変動(ばらつき)する原因には、5M1E、すなわち材料(material)、製造装置(machine)、製造方法(method)、作業者(man)、測定方法(measurement)および製造環境(environment)などの要素の変動が考えられます(図5.3参照)。

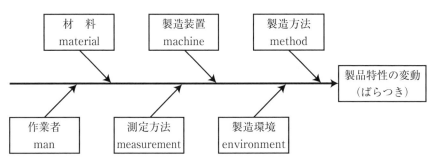

図 5.3　製品特性のばらつきに影響する要因

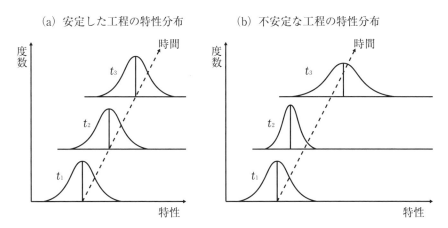

図 5.4　測定データの分布－時間による変化

## 5.1.2　不安定な工程と能力不足の工程

### （1）　安定した工程と不安定な工程

　図 5.4（p.133）は、異なる測定時間における測定結果の分布の関係を示します。(a)のような、時間 $t_1$、$t_2$ および $t_3$ のそれぞれ異なる時間における特性の分布（特性分布の位置と幅）が同じになる特性分布の状態を、統計的管理状態(in control)にあるといい、そのような製造工程を安定した工程といいます。

　一方(b)のような、時間 $t_1$、$t_2$ および $t_3$ における分布がそれぞれ異なる（分布の位置または幅が異なる）場合の特性分布の状態を、統計的管理外れの状態(out of control)にあるといい、そのような製造工程を不安定な工程といいます。

　(a)に示す安定した工程では、その後の特性の分布や製品の合格率などを予測することができますが、不安定な工程では予測することはできません。安定した工程の場合は、工程の中心位置は変わりませんが、特性は変動（ばらつき）している、すなわち、特性分布には幅が存在します。この安定した工程における特性の変動の原因を、変動の共通原因(common cause)といいます。一方、(b)に示す不安定な工程の場合は、特性分布の中心位置や分布の幅が、時間によって変動します。この不安定な工程の特性の変動の原因を、変動の特別原因(special cause)といいます。

　安定した工程では、変動の共通原因のみが存在し、不安定な工程では、変動の共通原因と特別原因の両方が存在します。安定した工程は正常な状態の工程、不安定な工程は異常な状態の工程ということができます。

　安定した工程における共通原因の影響は、後で述べる管理図ではランダムな（特徴のない）パターン（点の推移）として表されます。また、不安定な工程における特別原因の影響は、管理図では管理限界を超えた点、あるいは管理限界内の特徴のあるパターンとして表されます。

　次に、測定データの個々の値の分布と、各サブグループの平均値の分布の関係を図 5.2（p.132）に示します。平均値の値の分布の幅は、$\overline{\overline{X}} \pm 3\sigma$ の範囲、すなわち $6\sigma$ となります。ここで、$X$ は測定値、$\sigma$（シグマ）は標準偏差を表します。以降に述べる管理図の作成や工程能力の計算には、一般的には平均値の分布が使用されています。

## (2)　不安定な工程と能力不足の工程

　製品特性の分布がすべて製品規格内に入っている製造工程を能力のある工程といい、一方、製品特性の分布が製品規格から外れた部分がある製造工程を能力不足の工程といいます。

　図5.5の4つの特性分布について考えましょう。(a)の製造工程は、時間($t_1$ および $t_2$ )によって製品特性の分布(中心位置と幅)が変わらず安定した工程であり、かつ製品特性の分布が製品規格内にあります。この製造工程は、特別原因による変動がなく統計的管理状態にあり、かつ共通原因による変動も少なく規格を満たす能力のある望ましい工程です。

　(b)の製造工程は、時間によって製品特性の分布が異なり不安定な工程ですが、製品特性の分布は規格内にあります。この製造工程は、製品規格を満たしており能力のある工程ですが、特別原因の変動があり統計的管理状態ではありません。

　(c)の製造工程は、時間によって製品特性の分布は変わらず安定した製造工程ですが、製品特性の分布は製品規格から外れています。この製造工程は、特別原因による変動はなく統計的管理状態にありますが、共通原因による変動が大きすぎるために、製品規格を満たす能力がありません。

　(d)の製造工程は、時間によって製品特性の分布(位置と幅)が異なり不安定な工程であるとともに、特性の分布の幅が製品規格から外れています。この製造工程は、統計的管理外れの状態であるうえに、規格を満たす能力もありません。

　IATF 16949では、能力がありかつ安定した製造工程、すなわち図5.5(a)の特性の製造工程を求めています。(b)の工程は、安定した工程にするために特別原因をなくすことが必要です。(c)の工程は、能力のある工程にするために共通原因による変動を小さくすることが必要です。(d)の工程は、安定し、かつ能力のある工程にするために、特別原因をなくすとともに、共通原因による変動を小さくすることが必要です。

　IATF 16949のねらいは、製造工程のばらつきとムダの低減です。ここで述べた製品特性分布の変動幅がばらつきで、製品規格外れがムダということになります。

## 5.1.3 工程改善の手順

### (1) 工程改善の手順

　図5.5(d)に示した、不安定でかつ能力不足の工程に対する工程改善の手順は、図5.6のようになります。まずはじめに、特性の測定データから管理図を作成して、工程が安定しているかどうかを調査します。管理図の異常判定ルール（図5.11(p.142)参照）にもとづいて調査し、特別原因があると判断された場合は、その原因を究明して除去し、工程を安定な状態（統計的管理状態）にします。

　次に、ヒストグラム(histogram)などを用いて、特性分布の中心（すなわち設計の中心）と規格の中心が一致しているかどうかを調査します。中心が一致していない場合は、製品設計または製造工程をレビューし、その原因を見つけて処置をとり、中心を合わせます。

(a)　安定かつ能力あり

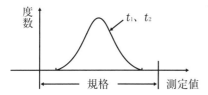

(b)　不安定しかし能力あり

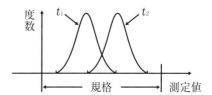

(c)　安定しかし能力不足

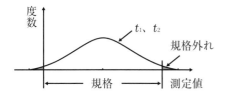

(d)　不安定かつ能力不足

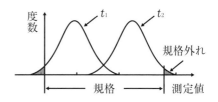

**図5.5　工程の安定性と工程能力**

| ステップ | 実施項目 | 実施事項 |
|---|---|---|
| ステップ1 | 工程を安定した状態(統計的管理状態)にする。 | ① 管理図を用いて製造工程の管理状態を調査する。すなわち、管理図で特別原因があるかどうかを調査する。<br>② 特別原因がある場合は不安定な工程ということになり、変動の原因(特別原因)を調査して除去する。<br>③ 工程は安定した状態(統計的管理状態)になる。 |
| ステップ2 | 特性分布の中心と規格の中心を一致させる。 | ① ヒストグラムなどを描いて、特性分布の中心と規格の中心のずれを調査する。<br>② 中心の不一致がある場合は、その原因を調査し不一致の原因を除去する。不一致原因の除去方法には、設計変更などがある。<br>③ 特性分布の中心と規格の中心が一致する。 |
| ステップ3 | 特性分布を規格内に収める。 | ① 特性分布幅と規格幅の関係を調査する。<br>② 特性分布の規格外れがある場合は、分布幅が大きい原因(共通原因)を調査する。<br>③ 共通原因を除去する処置をとる。<br>④ 特性分布の幅が小さくなり、規格内に納まる。 |
| ステップ4 | 継続的改善 | ① 特性分布の幅(ばらつき)を縮小し、工程能力を継続的に改善する。 |

図 5.6 工程改善の手順

　次に、特性分布の幅と規格幅の関係、すなわち特性分布で規格外れがあるかどうかを調査します。規格外れがある場合は、共通原因による変動が大きいことになり、その原因を見つけて処置をとり、特性分布が規格内に入るようにします。以降、これらのステップを繰り返します。

　変動の特別原因を見つけて処置をとる部分的な処置は、通常その作業を行っている人によって行われます。これによって、工程変動の約 15% が解決できるといわれています。一方、変動の共通原因の解決には、システム的な処置が必要であり、管理者の参画が必要です。これによって、工程変動の約 85% が解決できるといわれています。

## （2）　過剰管理と管理不足

工程管理では、次の 2 つの点に注意が必要です。

① 工程変動の原因が、実際は共通原因であるにもかかわらず、特別原因によるものと考えてしまい、不適切な処置をとってしまう。

② 工程変動の原因が、実際は特別原因であるにもかかわらず、共通原因によるものと考えて、何も処置を行わない。

①の場合、直前の測定結果だけにもとづいて製造条件を調整（変更）してしまうと、その後の測定データの中心は管理図の中心線から外れてしまい、かえって工程の変動が大きくなることになります。このように、統計的に適切でない工程調整を行うことを、オーバーアジャストメント（over-adjustment、過剰管理、タンパリング（tampering）、第一種の誤り）といいます。管理図の意味を十分に理解していないと、このように間違った判断と処置を行ってしまう可能性があり、注意が必要です。

一方②の場合は、工程は改善されません。これを管理不足（第二種の誤り）といいます（図 5.7 参照）。

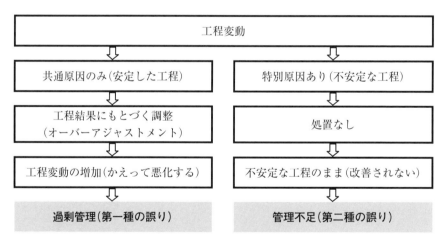

図 5.7　過剰管理と管理不足

# 5.2 管理図の基本

## 5.2.1 平均値－範囲管理図($\overline{X}-R$ 管理図)

### (1) 管理図の要素

　測定データが正規分布を示す場合、中心から ± 1 σ 内には 68.27%、± 2 σ 内には 95.45%、そして ± 3 σ 内には 99.73% のデータが含まれます。この図を横向きにすると、管理図(control chart)の管理限界線を表す図になります(図 5.8 参照)。最も代表的な管理図であり、IATF 16949 でもよく用いられている、平均値－範囲管理図($\overline{X}-R$ 管理図)について、管理図の例を図 5.9 に、$\overline{X}-R$ 管理図の各要素の内容を図 5.10 に示します。

### (2) $\overline{X}-R$ 管理図に対する処置(異常判定ルール)

　不安定な工程において、工程変動の特別原因が存在する場合、$\overline{X}-R$ 管理図は特徴のある変動のパターン(傾向)を示します。特別原因による工程変動が存在する可能性が高いと判定する、IATF 16949 の異常判定ルールとその例を、図 5.11 (p.142) および図 5.12 (p.143) に示します。

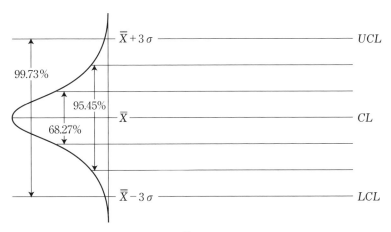

図 5.8　正規分布と $\overline{X}-R$ 管理図の管理限界線

## X̄ − R 管理図

| 製品名 | 基板アセンブリ | 特性 | 寸法XX | 規格値 | 10.0 ± 1.0mm | サンプルサイズ n = 5 | サブグループ数 k = 25 | サブグループ間隔 f = 1回／日 | 測定開始日 20xx-xx-xx | 測定終了日 20xx-xx-xx |
|---|---|---|---|---|---|---|---|---|---|---|
| 工程名 | 製造工程 | 装置No. | XXXXX | 測定器No. | XXXXX | MSA 結果 %GRR = 8.5% | 工程平均 $\bar{X}$／範囲 $R$ | $\bar{X}$: CL 10.00, UCL 10.24, LCL 9.76 ／ $R$: CL 0.41, UCL 0.87, LCL − | | 担当者名 XXXX |

$\bar{X}$ 管理図：UCL = 10.24, CL = 10.00, LCL = 9.76
$R$ 管理図：UCL = 0.87, CL = 0.41

| SG No. | 1 | 2 | 3 | 4 | 5 | 6 | 7 | 8 | 9 | 10 | 11 | 12 | 13 | 14 | 15 | 16 | 17 | 18 | 19 | 20 | 21 | 22 | 23 | 24 | 25 | 平均 |
|---|---|---|---|---|---|---|---|---|---|---|---|---|---|---|---|---|---|---|---|---|---|---|---|---|---|---|
| $X_1$ | 10.2 | 10.3 | 9.9 | 9.9 | 9.6 | 10.1 | 9.9 | 9.8 | 10.1 | 10.0 | 9.9 | 10.0 | 9.9 | 10.0 | 10.1 | 9.8 | 9.9 | 9.8 | 9.6 | 10.2 | 10.0 | 9.7 | 9.7 | 10.0 | 9.9 | |
| $X_2$ | 10.0 | 9.9 | 10.0 | 10.1 | 10.1 | 10.0 | 10.0 | 9.9 | 9.9 | 10.0 | 10.0 | 9.9 | 9.5 | 10.1 | 10.3 | 10.0 | 10.0 | 9.9 | 10.0 | 10.0 | 9.8 | 9.9 | 9.9 | 10.1 | 9.7 | |
| $X_3$ | 10.2 | 10.5 | 9.8 | 10.2 | 9.9 | 10.2 | 9.9 | 9.8 | 10.2 | 10.2 | 9.9 | 10.2 | 9.9 | 10.0 | 10.1 | 9.9 | 9.9 | 10.0 | 10.2 | 10.2 | 10.1 | 10.4 | 10.1 | 10.0 | 10.1 | |
| $X_4$ | 10.0 | 10.0 | 10.0 | 10.0 | 9.9 | 9.8 | 10.1 | 10.0 | 10.1 | 9.8 | 9.8 | 10.1 | 10.2 | 10.1 | 9.8 | 9.8 | 10.1 | 9.9 | 10.1 | 10.0 | 9.9 | 9.7 | 10.0 | 10.1 | 10.3 | |
| $X_5$ | 9.9 | 9.7 | 10.1 | 9.8 | 10.4 | 9.9 | 10.0 | 10.3 | 10.1 | 10.1 | 10.1 | 10.0 | 10.0 | 10.3 | 10.1 | 10.1 | 10.0 | 10.0 | 9.9 | 10.2 | 10.2 | 9.7 | 10.0 | 10.0 | 10.0 | |
| $\bar{X}$ | 10.06 | 10.04 | 9.96 | 10.00 | 10.00 | 10.00 | 10.00 | 9.96 | 10.06 | 10.04 | 9.94 | 10.04 | 9.90 | 10.10 | 10.10 | 9.92 | 10.00 | 9.92 | 9.96 | 10.08 | 10.00 | 9.90 | 9.94 | 10.08 | 10.00 | 10.00 |
| $R$ | 0.3 | 0.8 | 0.3 | 0.4 | 0.8 | 0.4 | 0.2 | 0.5 | 0.3 | 0.4 | 0.3 | 0.3 | 0.7 | 0.3 | 0.5 | 0.3 | 0.2 | 0.6 | 0.6 | 0.2 | 0.4 | 0.7 | 0.4 | 0.2 | 0.6 | 0.412 |

図 5.9　$\bar{X}$−$R$ 管理図の例

| 項　目 | 内　容 |
|---|---|
| ヘッダー | |
| 　製品名、特性 | ・管理図作成の対象とする製品名と特性名を示す。 |
| 　規格値 | ・特性に対する規格値を示す。<br>・$UCL$、$LCL$ などの工程管理の基準と混同しないこと |
| 　サンプルサイズ　$n$ | ・サブグループ(群)あたりのサンプル数を示す。 |
| 　サブグループ数　$k$ | ・サブグループの数を示す。 |
| 　サブグループ間隔<br>　　　$f$ | ・測定する間隔(頻度)を示す。<br>・例えば、1日1回、6時間ごと、シフトごとなど |
| 　工程名、装置 No. | ・工程名および装置番号を示す。 |
| 　測定器No. | ・特性を測定する測定器の名称と番号を示す。 |
| 　MSA結果 | ・測定器の測定システム解析結果(%$GRR$ など)を示す。 |
| 　工程平均　$\overline{X}$ | ・測定値 $X$ の平均値 $\overline{X}$ に対する、$CL$、$UCL$ および $LCL$ を示す。 |
| 　範囲　$R$ | ・測定値の範囲 $R$ に対する、$CL$、$UCL$ および $LCL$ を示す。 |
| グラフ | |
| 　平均値　$\overline{X}$ | ・測定値 $X$ の平均値 $\overline{X}$ のグラフを示す。 |
| 　$\overline{X}$の$CL$、$UCL$、$LCL$ | ・$\overline{X}$ に対する $CL$、$UCL$ および $LCL$ を示す。 |
| 　範囲　$R$ | ・測定値の最大値と最小値の差を示す。 |
| 　$R$の$CL$、$UCL$、$LCL$ | ・$R$ に対する $CL$、$UCL$ および $LCL$ を示す。<br>・サンプル数 $n \leqq 6$ の場合は、$R$ の $LCL$ は不要。 |
| 　目盛 | ・管理図グラフの目盛は工程の変動がわかる詳しさとする。 |
| 　サブグループNo. | ・サブグループの番号を示す。<br>・図 5.9 はサブグループ数 $k = 25$ の場合を示す。 |
| データ | |
| 　測定データ | ・個々の測定データを示す。<br>・図 5.9 はサンプルサイズ $n = 5$ の場合を示す。 |
| 　平均値　$\overline{X}$ | ・サブグループごとの測定データの平均値を示す。 |
| 　範囲　$R$ | ・サブグループごとの測定データの最大値と最小値の差を示す。 |

図 5.10　$\overline{X}-R$ 管理図の要素

| 分　類 | ルール | 考えられる原因 |
|---|---|---|
| 管理限界を超える点がある。 | ①<br>管理限界の外側（*UCL* の上側または *LCL* の下側）に点がある。 | ・特性分布の中心位置が変化または特性分布の広がりが増加（製品特性が悪化）<br>・管理図の記入ミス（管理限界または管理統計量の計算違いなど）<br>・測定システムが変化（装置の異常、未熟な測定者への交代など）<br>・測定システムが不適切 |
| "連"が、特徴のあるパターンを示す。 | ②<br>中心線の片側に、連続して7つの点（連）がある。 | ・測定値のばらつきの増加（装置の不良、取付不良など）、または工程の変動（新しいまたは均質でない原材料の使用など）<br>・測定システムの変化（新しい測定器、新しい検査員など） |
| | ③<br>連続して増加または減少する7つの点（連）がある。 | ・上記②に同じ |
| 描いた点の中心線からの距離の分布が異常を示す。 | ④<br>管理限界幅の中央 $1/3$（$\pm 1\sigma$）の範囲内の点が、$2/3$ よりもはるかに多い（90% 以上など）。 | ・管理限界または管理統計量（点）の計算違い、または記入ミス<br>・サンプリング方法が不適切（層別サンプリングなど）<br>・データが編集されている（平均値から大きく外れたサブグループのデータを除いているなど） |
| | ⑤<br>管理限界幅の中央 $1/3$（$\pm 1\sigma$）の範囲内の点が、$2/3$ よりもはるかに少ない（40% 以下など）。 | ・管理限界または描いた点の計算違い、または記入ミス<br>・サンプリング方法が原因で、連続するサブグループに著しく異なる変動をもつ2つ以上の工程の測定値が含まれている（インプット材料の混成ロットなど） |

**図 5.11　IATF 16949 における管理図の異常判定ルール**

　また、IATF 16949 の SPC 参照マニュアルに紹介されている AT & T 社（the American telephone & telegraph company）の管理図異常判定ルールを図 5.13 に、日本で広く使われている JIS のシューハート管理図の異常判定ルール（JIS Z 9020-2：2016（ISO 7870-2））を図 5.14 に示します。なおこれらのルールは、絶対的なものではなく、一種の指針として使用することが望ましいとされています。

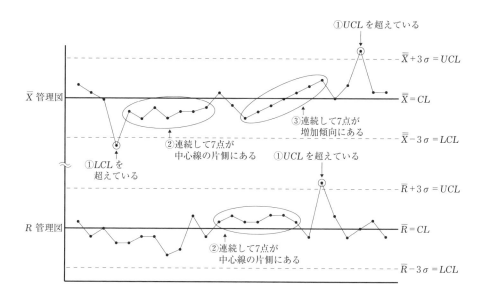

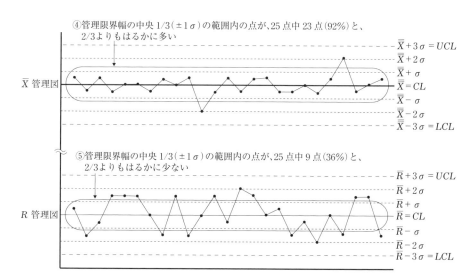

図 5.12 $\bar{X}-R$ 管理図における異常判定のサイン

| 番号 | 異常判定基準 |
|:---:|:---|
| 1 | 中心線から $3\sigma$（UCL、LCL）よりも離れたところに 1 点がある。 |
| 2 | 中心線の片側に連続する 7 点がある。 |
| 3 | すべて増加傾向あるいは減少傾向にある連続する 6 点がある。 |
| 4 | 交互に上下する連続する 14 点がある。 |
| 5 | 3 点のうち 2 点が、中心線から $2\sigma$ の領域を超えている（片側）。 |
| 6 | 5 点のうち 4 点が、中心線から $1\sigma$ の領域を超えている（片側）。 |
| 7 | 連続する 15 点が、中心線から $1\sigma$ 内にある（両側）。 |
| 8 | 連続する 8 点が、中心線から $1\sigma$ の領域を超えている（両側）。 |

図 5.13　AT&T の管理図異常判定ルール

| 番号 | 異常判定基準 | | 説　明 |
|:---:|:---|:---|:---|
| ルール 1 | 管理外れ | 管理限界の外側に点がある。 | 管理外れ状態の存在を示す。 |
| ルール 2 | 連 | 中心線の片側に、連続して 7 つの点（連）がある。 | 工程平均または工程変動が、中心から移動していることを示す。 |
| ルール 3 | トレンド | 連続して増加または減少する 7 つの点（連）がある。 | 工程内の系統的な傾向（変化）を示す。 |
| ルール 4 | 非ランダム | 明らかに不規則ではないパターンである。 | 工程内の不規則でない（ランダムでない）パターン、または周期的なパターンを示す。 |

図 5.14　JIS Z 9020-2：2016（ISO 7870-2：2013）の管理図異常判定ルール

## 5.2.2 $\overline{X}-R$ 管理図の作成手順

$\overline{X}-R$ 管理図の作成手順を図 5.15(pp.145 ～ 146)に示します。

| ステップ | 実施項目 | 実施事項 |
|---|---|---|
| 準備<br>ステップ1 | 対象とする工程と特性の決定 | ① 管理図を作成する工程と特性を決定する。 |
| | サンプリング計画の作成 | ① サンプル数 $n$、サブグループ数 $k$ およびサブグループ間隔 $f$ を決定する。<br>・$n \geq 4$、$k=25$、サンプル総数 100 以上とする。 |
| | 測定システムの評価 | ① 測定システムの変動が受入れられるかどうかを評価する(第6章参照)。 |
| 測定<br>ステップ2 | データの測定 | ① 定められた時間間隔(サブグループ間隔、測定頻度)でデータを測定する。 |
| 管理図作成<br>ステップ3 | 管理統計量の算出 管理図への記入 | ① 測定データから、平均値 $\overline{X}$ および範囲 $R$ を表す管理統計量のデータにまとめる。<br>② $R$ 管理図および $\overline{X}$ 管理図に①の点を記入する。 |
| | 範囲管理図($R$ 管理図)の管理限界の算出 | ① $R$ 管理図の管理限界を算出し、管理統計量の $CL$ および $UCL$、$LCL$ を $R$ 管理図上に描く。 |
| | 平均値管理図($\overline{X}$ 管理図)の管理限界の算出 | ① $\overline{X}$ 管理図の $CL$ および $UCL$、$LCL$ を算出し、$\overline{X}$ 管理図上に描く。 |
| $R$ 管理図評価<br>ステップ4 | $R$ 管理図の評価 | ① データの変動には、サブグループ内変動とサブグループ間変動がある。<br>② サブグループ内の変動は短期間の製品間の変動(製品のばらつき)を表し、サブグループ間の変動は測定期間における工程の変動を表す。<br>③ これらのいずれの変動も、製品間変動に依存するため、$R$ 管理図を最初に分析する。<br>④ 管理図の異常判定ルール(図 5.11(p.142)参照)に従って、$R$ 管理図に描いた点を解析して、管理外れを示す点や異常なパターンがないかを調べる。 |

図 5.15 $\overline{X}-R$ 管理図の作成手順(1/2)

| ステップ | 実施項目 | 実施事項 |
|---|---|---|
| $\overline{R}$ 管理図評価<br>ステップ 4<br>（続き） | $R$ 管理図の評価<br>（続き） | ⑤　工程変動の特別原因が存在しない場合は、管理統計量の点は管理限界内にランダムに位置する（特徴のあるパターンを示さない）。<br>⑥　特別原因は工程の位置（平均）あるいは幅（範囲）のいずれかに影響を与える可能性がある。 |
| | 特別原因の検出、原因究明、工程改善 | ①　変動の特別原因を発見して対処する。<br>②　出来事欄を、特別原因究明のために活用する。<br>③　問題解決のために、ヒストグラム、パレート図、特性要因図などの品質管理技法を活用する。 |
| ステップ 5 | $R$ 管理図の管理限界の再算出 | ①　特別原因を究明し、工程改善を行った後、その特別原因に影響されたサブグループのデータを取り除いて、新しい $\overline{R}$ および $UCL$、$LCL$ を再計算する。 |
| $\overline{X}$ 管理図評価<br>ステップ 6 | $\overline{X}$ 管理図の評価 | ①　$R$ 管理図と同様、管理図の異常判定ルールに従って、$\overline{X}$ 管理図に描いた点を解析して、特別原因があるかどうかを調べる。 |
| | 特別原因の検出、原因究明、工程改善 | ①　管理状態を示さない場合は、特別原因の特定→工程改善→管理限界の再計算という一連の作業を繰り返す。 |
| ステップ 7 | $\overline{X}$ 管理図の管理限界の再算出 | ①　$R$ 管理図と同じ方法で、$\overline{X}$ 管理図の $UCL$、$LCL$ を再計算する。 |
| 量産工程への適用<br>ステップ 8 | $\overline{X}-R$ 管理図の新しい管理限界を量産工程に適用 | ①　$R$ 管理図および $\overline{X}$ 管理図の両方が管理状態となったことを確認する。<br>②　$R$ 管理図および $\overline{X}$ 管理図の新しい管理基準を、量産工程に適用する。 |
| ステップ 9 | 継続的なデータの測定 | ①　すべての特別原因が除去され、工程が統計的管理状態で操業されるようになったときの管理限界線を、工程監視のために使用する。 |
| | $\overline{X}-R$ 管理図の継続的作成・評価 | ①　$R$ 管理図および $\overline{X}$ 管理図を継続的に作成し、工程が管理状態にあることを確認する。 |
| 継続的改善<br>ステップ 10 | 工程管理への適用と継続的改善 | ①　管理状態を示さない場合は、特別原因の特定→工程改善→管理限界の再計算の作業を繰り返す。 |

図 5.15　$\overline{X}-R$ 管理図の作成手順（2/2）

## 5.2.3 $\overline{X} - R$ 管理図の作成例

$\overline{X}$ 管理図の管理限界($\overline{\overline{X}} \pm 3\sigma$)は、図 5.16 に示す $\overline{X} - R$ 管理図の公式から算出することができます。また管理図の公式で使用する係数は図 5.34(p.169)に、$\overline{X} - R$ 管理図の例は図 5.9(p.140)を参照してください。

この管理図において、図 5.11(p.142)に示した、工程の異常を示すいずれかのサイン(傾向)があるかどうかを調査します。図 5.9(p.140)の管理図からは、そのような工程の異常を示す傾向は見つかりません。したがって、この工程は安定していると判断することができます。

もし管理図において、図 5.11 に示したいずれかのサイン(傾向)が見つかった場合は、工程に異常があることを示しています。その場合は、異常の特別原因を調査します。特別原因の調査のためには、管理図の出来事欄の記載内容を調査します。例えば、装置が故障して修理をした、異常音が聞こえていたというような、装置に関する記録がある場合は、その出来事の後の段取り替え検証が十分でなかった可能性があります。また、その日から作業者が新しい人に交替していたかもしれません。このように、出来事欄にできるだけ詳しく出来事を記録しておくと、その後の調査に役立ちます。

判明した特別原因を取り除いて、工程を管理状態にした後、再度データを測定し、$\overline{X} - R$ 管理図を再度作成し、$R$ 管理図および $\overline{X}$ 管理図の $CL$、$UCL$ および $LCL$ を、以降の量産工程に適用します。

| 管理図 | 中心線 $CL$ | 上方管理限界線 $UCL$ | 下方管理限界線 $LCL$ |
|---|---|---|---|
| $\overline{X}$ 管理図 | $\overline{\overline{X}}$ | $\overline{\overline{X}} + A_2 \times \overline{R}$ | $\overline{\overline{X}} - A_2 \times \overline{R}$ |
| $R$ 管理図 | $\overline{R}$ | $D_4 \times \overline{R}$ | $D_3 \times \overline{R}$ |

[備考] $X$：測定値、$R$：範囲、$A_2$, $D_3$, $D_4$：管理図の係数(図 5.34(p.169)参照)

### 図 5.16 $\overline{X} - R$ 管理図の公式

# 5.3　種々の管理図

## 5.3.1　計量値管理図と計数値管理図

　管理図は、計量値(variables data)に対する管理図と計数値(attributes data)に対する管理図に分けることができます。計量値とは、データが連続する性質をもつもの(長さ、重さ、電圧、濃度など)で、計数値とは、データが不連続な性質のもの(合格・不合格、不良数・不良率など)です。

　計量値に関する管理図には、次のものがあります(図 5.17 参照)。

① 　平均値 − 範囲管理図($\overline{X} - R$ 管理図)

② 　平均値 − 標準偏差管理図($\overline{X} - s$ 管理図)

③ 　メディアン(中央値) − 範囲管理図($X_m - R$ 管理図)

④ 　測定値 − 移動範囲管理図($X - MR$ 管理図)

　また計数値に関する管理図には、次のものがあります(図 5.17 参照)。

⑤ 　不適合品率管理図($p$ 管理図)

⑥ 　不適合品数管理図($np$ 管理図)

⑦ 　単位あたり不適合数管理図($u$ 管理図)

⑧ 　不適合数管理図($c$ 管理図)

　上記の各管理図について、管理図の用途、特徴および適用例を図 5.17 に示します。各管理図の公式を図5.18に、各係数を図5.34(p.169)に示します。また、サンプル数と係数の値の関係について、図 5.18 の備考に示します。

　$\overline{X} - R$ 管理図に対する異常判定ルールは、図 5.11(p.142)に示しました。上記の各管理図の UCL および LCL に対する対応方法についての考え方は、基本的に $\overline{X} - R$ 管理図と同じです。しかし管理図によっては、異なる解釈が必要となる場合があります。例えば、$\overline{X} - R$ 管理図において 7 つ以上の点が CL の下側に並んでいれば、管理外れの状態を示しますが、このことが $p$ 管理図で起きている場合には、不適合製品が減少、すなわち工程の改善が進んでいることを表します。

　計量値管理図のうち、$\overline{X} - s$ 管理図および $X - MR$ 管理図、また計数値管理図のうち、$p$ 管理図および $u$ 管理図について、次項で説明します。

| 管理図の種類 | 用途・特徴 | 適用例 |
|---|---|---|
| 計量値の管理図 | 平均値－範囲管理図 ($\overline{X}-R$ 管理図) | ・最も一般的な計量値管理図<br>・サブグループ内サンプル数 $n$ が 8 以下の場合に有効。 | ・製品の外径寸法 (mm)<br>・貨幣の重量 (g)<br>・電気回路の抵抗値 ($\Omega$) |
| | 平均値－標準偏差管理図 ($\overline{X}-s$ 管理図) | ・感度は $\overline{X}-R$ 管理図より勝る。<br>・サブグループ内サンプル数 $n$ が 9 以上の場合にも有効<br>・標準偏差 $s$ の計算が必要 | |
| | メディアン(中央値)－範囲管理図 ($X_m-R$ 管理図) | ・メディアン(median)は中央値の意味<br>・感度は $\overline{X}-R$ 管理図より劣る。 | |
| | 測定値－移動範囲管理図 ($X-MR$ 管理図) | ・$X$ は個々の測定値、$MR$ は moving range(移動範囲)で、2 つ以上の連続したサンプルにおける最大値と最小値の差を表す。<br>・サブグループ内サンプル数 $n$ が均一または 1 個の場合に適用<br>・$\overline{X}-R$ 管理図に比べて感度は劣る。 | ・メッキ液の酸濃度 (%)<br>・室内温度 (℃) |
| 計数値の管理図 | 不適合品率管理図 ($p$ 管理図) | ・不適合品率 $p$ を管理<br>・サブグループ内サンプル数 $n$ が変動する場合に適用<br>・$np \geqq 5$ が望ましい。 | ・半導体製品の歩留り (%)<br>・出荷検査合格率 (%) |
| | 不適合品数管理図 ($np$ 管理図) | ・不適合品数 $np$ を管理<br>・サブグループ内サンプル数 $n$ が一定の場合に適用<br>・$np \geqq 5$ が望ましい。 | ・出荷検査不合格数 |
| | 単位あたり不適合数管理図 ($u$ 管理図) | ・単位あたりの不適合数 $u$ を管理<br>・サブグループ内サンプル数 $n$ が変化する場合に適用 | ・自動車フロントガラスの気泡数<br>・自動車ドアの塗装不完全数 |
| | 不適合数管理図 ($c$ 管理図) | ・製品 1 個あたりの不適合数 $c$ を管理<br>・サブグループ内サンプル数 $n$ が一定の場合に適用 | ・液晶ディスプレイパネルの輝点数<br>・半導体ウェーハの不良チップ数 |

**図 5.17　計量値管理図と計数値管理図**

| 管理図の種類 | | 中心 $CL$ | 上方管理限界 $UCL$ | 下方管理限界 $LCL$ | 備　考 |
|---|---|---|---|---|---|
| 計量値管理図 | $\overline{X} - R$ 管理図 | | | | |
| | $\overline{X}$ | $\overline{\overline{X}}$ | $\overline{\overline{X}} + A_2 \times \overline{R}$ | $\overline{\overline{X}} - A_2 \times \overline{R}$ | $X$：測定値 $R$：範囲 $A_2$、$D_3$、$D_4$： 係数 |
| | $R$ | $\overline{R}$ | $D_4 \times \overline{R}$ | $D_3 \times \overline{R}$ | |
| | $\overline{X} - s$ 管理図 | | | | |
| | $\overline{X}$ | $\overline{\overline{X}}$ | $\overline{\overline{X}} + A_3 \times \overline{s}$ | $\overline{\overline{X}} - A_3 \times \overline{s}$ | $X$：測定値 $s$：標準偏差 $A_3$、$B_3$、$B_4$： 係数 |
| | $s$ | $\overline{s}$ | $B_4 \times \overline{s}$ | $B_3 \times \overline{s}$ | |
| | $X_m - R$ 管理図 | | | | |
| | $X_m$ | $\overline{X}_m$ | $\overline{X}_m + A_{2m} \times \overline{R}$ | $\overline{X}_m - A_{2m} \times \overline{R}$ | $X_m$：中央値 $R$：範囲 $A_{2m}$、$D_3$、$D_4$： 係数 |
| | $R$ | $\overline{R}$ | $D_4 \times \overline{R}$ | $D_3 \times \overline{R}$ | |
| | $X - MR$ 管理図 | | | | |
| | $X$ | $\overline{X}$ | $\overline{X} + E_2 \times \overline{MR}$ | $\overline{X} - E_2 \times \overline{MR}$ | $X$：測定値 $MR$：移動範囲 $E_2$、$D_3$、$D_4$： 係数 |
| | $MR$ | $\overline{MR}$ | $D_4 \times \overline{MR}$ | $D_3 \times \overline{MR}$ | |
| 計数値管理図 | $p$ 管理図 | $\overline{p}$ | $\overline{p} + 3\sqrt{\dfrac{\overline{p}(1-\overline{p})}{\overline{n}}}$ | $\overline{p} - 3\sqrt{\dfrac{\overline{p}(1-\overline{p})}{\overline{n}}}$ | $n$：サンプル数 $p$：不適合品率 |
| | $np$ 管理図 | $\overline{np}$ | $\overline{np} + 3\sqrt{\overline{np}(1-\overline{p})}$ | $\overline{np} - 3\sqrt{\overline{np}(1-\overline{p})}$ | $np$：不適合品数 |
| | $u$ 管理図 | $\overline{u}$ | $\overline{u} + 3\sqrt{\dfrac{\overline{u}}{n}}$ | $\overline{u} - 3\sqrt{\dfrac{\overline{u}}{n}}$ | $n$：サンプル数 $c$：不適合数 $u = c/n$ |
| | $c$ 管理図 | $\overline{c}$ | $\overline{c} + 3\sqrt{\overline{c}}$ | $\overline{c} - 3\sqrt{\overline{c}}$ | $c$：不適合数 |

［備考1］ $s = \sqrt{\sum \dfrac{(X - \overline{X})^2}{n-1}}$

　各管理図の係数は図5.34（p.169）参照

［備考2］

　図5.34の係数表を見るとわかるように、$A_2$ や $A_3$ のように、サンプル数 $n$ の値が大きくなると、測定データの信頼性が大きくなるため、係数の値は小さくなる。ただし $d_2$ や $c_4$ のように、除数（割り算）として使われる係数は、サンプル数 $n$ の値が大きくなると係数の値も大きくなる。

## 図5.18　管理図の公式

## 5.3.2 平均値－標準偏差管理図（$\overline{X}-s$ 管理図）

平均値－標準偏差管理図（$\overline{X}-s$ 管理図）は、$\overline{X}-R$ 管理図の測定値の範囲 $R$ の代わりに、測定値の標準偏差 $s$ を用いるものです。$\overline{X}-R$ 管理図が、サブグループ内サンプル数 $n$ が 8 以下の場合に適しているのに対して、$\overline{X}-s$ 管理図は $n$ が 9 以上の場合にも有効となります。感度は $\overline{X}-R$ 管理図より勝ります。

$\overline{X}-s$ 管理図は、$\overline{X}-R$ 管理図と同様、製品の寸法（mm）、重量（g）、電気抵抗値（Ω）などの種々の特性の測定値に対して利用することができます。

なお図 5.17（p.149）には、$\overline{X}-s$ 管理図は標準偏差の計算が必要と記載されています。これは、$\overline{X}-R$ 管理図の $R$ に比べて、標準偏差 $s$ の計算が複雑ということです。しかし現在では、パソコンソフトの Excel 関数などを用いて、容易に計算することができます。このようなツールを使うことができる場合は、$\overline{X}-R$ 管理図よりも $\overline{X}-s$ 管理図のほうがよいかもしれません。

## 5.3.3 測定値－移動範囲管理図（$X-MR$ 管理図）

測定値－移動範囲管理図（$X-MR$ 管理図）は、$\overline{X}-R$ 管理図の平均値 $\overline{X}$ の代わりに個々の測定値 $X$、範囲 $R$ の代わりに測定値と前回の測定値との差 $MR$ を用いるものです。$MR$ は moving range（移動範囲）の略で、2 つ以上の連続したサンプルの測定値の差です。なお、$X-MR$ 管理図は $X-RS$ 管理図と呼ばれることがあります。

サブグループ内サンプルが均一な工程、またはサブグループのサンプルが 1 個しかとれないような場合、例えば、メッキ液の酸濃度（%）、室内の温度（℃）などに対して利用することができます。

図 5.17 では、$X-MR$ 管理図は $\overline{X}-R$ 管理図に比べて感度が劣ると記載されていますが、$\overline{X}-R$ 管理図と $X-MR$ 管理図では用途が異なります。メッキ液の濃度などは、何個かのサンプリングをすることはできないため、$X-MR$ 管理図を使用することになります。

$X-MR$ 管理図の適用例を図 5.19 に示します。

# X－MR 管理図

| 製品名 部品名 | XXXX | 特性 | メッキ液濃度 | 規格値 | 50 以下 | 測定開始日 | 20xx-xx-xx | 測定終了日 | 20xx-xx-xx |
|---|---|---|---|---|---|---|---|---|---|
| 工程名 | メッキ工程 | 装置 No. | メッキ装置 XX | 測定器 No. | XXXX | サブグループ間隔 | f = 1 回／時間 | 担当者名 | XXXX |
| サンプルサイズ | n = 1 | サブグループ数 | k = 25 | MSA 結果 | %GRR = 20% | | | | |

| | UCL | CL | LCL |
|---|---|---|---|
| 工程平均 $\bar{X}$ | 33.21 | 29.78 | 26.35 |
| MR 平均 $\overline{MR}$ | 4.21 | 1.29 | － |

| SG No. | 1 | 2 | 3 | 4 | 5 | 6 | 7 | 8 | 9 | 10 | 11 | 12 | 13 | 14 | 15 | 16 | 17 | 18 | 19 | 20 | 21 | 22 | 23 | 24 | 25 | 平均 |
|---|---|---|---|---|---|---|---|---|---|---|---|---|---|---|---|---|---|---|---|---|---|---|---|---|---|---|
| X | 29.0 | 28.0 | 28.2 | 30.2 | 29.4 | 30.4 | 30.6 | 29.6 | 28.0 | 30.0 | 31.0 | 28.0 | 28.4 | 28.6 | 28.8 | 29.0 | 29.2 | 32.2 | 32.0 | 30.0 | 32.4 | 30.2 | 29.4 | 32.2 | 29.6 | 29.78 |
| MR | | 1.0 | 0.2 | 2.0 | 0.8 | 1.0 | 0.2 | 1.0 | 1.6 | 2.0 | 1.0 | 3.0 | 0.4 | 0.2 | 0.2 | 0.2 | 0.2 | 3.0 | 0.2 | 2.0 | 2.4 | 2.2 | 0.8 | 2.8 | 2.6 | 1.29 |

測定値 X：UCL = 33.21　CL = 29.78　LCL = 26.35

移動範囲 MR：UCL = 4.21　CL = 1.29

図 5.19　X－MR 管理図の例

## 5.3.4　不適合品率管理図(*p* 管理図)

　不適合品率管理図(*p* 管理図)は、不適合品率などの計数値を管理するための、代表的な計数値管理図です。サブグループ内のサンプル数 *n* が変動する場合に利用されます。

　サンプル数 *n* と不適合品率 *p* をかけた不適合品数 *np* が 5 以上($np \geqq 5$)とすることが望ましいといわれています。*p* は probability(率)または proportion nonconforming(不適合品率)の略です。

　*p* 管理図は、例えば、半導体製品の歩留り、出荷検査合格率などに対して適用することができます。

　*p* 管理図の適用例を図 5.20 に示します。

## 5.3.5　単位あたり不適合数管理図(*u* 管理図)

　*u* 管理図は、単位あたりの不適合数を管理するための計数値管理図です。*u* は unit(単位あたり)という意味です。

　*u* 管理図は、*p* 管理図と同様、サブグループ内のサンプル数 *n* が変動する場合にも適用されます。

　*u* 管理図は、例えば自動車フロントガラスの気泡数、自動車ドアの塗装不完全数、液晶パネルの単位面積あたりの輝点の数、および半導体クリーンルームの単位体積あたりのダスト(ごみ)の数などに対して利用することができます。

　管理図というと、$\overline{X}-R$ 管理図で代表される計量値管理図が一般的ですが、用途によっては、*p* 管理図や *u* 管理図などの計数値管理図が有効な場合があります。適切に使い分けるとよいでしょう。

　なお、*p* 管理図や *u* 管理図のように不適合率ではなく、単に不適合数を扱う管理図としては、*np* 管理図や *c* 管理図があります。*u* 管理図がサブグループ内のサンプル数 *n* が変動する場合に適用されるのに対して、*c* 管理図は、サブグループ内のサンプル数 *n* が一定の場合に適用されます。

## p 管理図

| 製品名 半導体XXXX | 特性 特性1、2、3 | 規格値 平均10%以下 | サンプルサイズ $n=100$ | サブグループ数 $k=25$ | 測定終了日 20xx-xx-xx |
| --- | --- | --- | --- | --- | --- |
| 工程名 ウェーハ工程 | 装置No. XXXX | 測定器No. 半導体マスタ XX | MSA結果 %GRR=10% | 工程平均 $\bar{p}$ | 測定開始日 20xx-xx-xx 担当者名 XXXX |

CL 0.088　UCL 0.173　LCL 0.003　サブグループ間隔 $f=$ロットごと

(不適合品率 $p$：縦軸 0.00〜0.18　$UCL=0.173$、$CL=0.088$、$LCL=0.003$)

| SG No. | 1 | 2 | 3 | 4 | 5 | 6 | 7 | 8 | 9 | 10 | 11 | 12 | 13 | 14 | 15 | 16 | 17 | 18 | 19 | 20 | 21 | 22 | 23 | 24 | 25 | 平均 |
| --- | --- | --- | --- | --- | --- | --- | --- | --- | --- | --- | --- | --- | --- | --- | --- | --- | --- | --- | --- | --- | --- | --- | --- | --- | --- | --- |
| 不良特性1 | 1 | 3 | 1 | 3 | 3 | 2 | 5 | 3 | 4 | 2 | 4 | 1 | 4 | 3 | 4 | 3 | 4 | 5 | 3 | 3 | 1 | 1 | 4 | 1 | 2 | |
| 不良特性2 | 3 | 3 | 2 | 3 | 2 | 3 | 4 | 4 | 2 | 2 | 4 | | 4 | 3 | 3 | 4 | 4 | 5 | 5 | 5 | 1 | 5 | 4 | 5 | 2 | |
| 不良特性3 | 2 | 2 | 2 | 3 | 1 | 3 | 3 | 2 | 4 | 4 | 5 | 5 | 3 | 4 | 3 | 4 | 6 | 4 | 3 | 6 | 2 | 5 | 1 | 1 | 1 | |
| 不適合品数 $np$ | 4 | 8 | 5 | 9 | 6 | 8 | 12 | 9 | 10 | 8 | 13 | 6 | 11 | 10 | 11 | 11 | 13 | 14 | 10 | 14 | 4 | 6 | 5 | 6 | 7 | 8.8 |
| サンプル数 $n$ | 100 | 100 | 100 | 100 | 100 | 100 | 100 | 100 | 100 | 100 | 100 | 100 | 100 | 100 | 100 | 100 | 100 | 100 | 100 | 100 | 100 | 100 | 100 | 100 | 100 | 100 |
| 不適合品率 $p$ | 0.04 | 0.08 | 0.05 | 0.09 | 0.06 | 0.08 | 0.12 | 0.09 | 0.10 | 0.08 | 0.13 | 0.06 | 0.11 | 0.10 | 0.11 | 0.11 | 0.13 | 0.14 | 0.10 | 0.14 | 0.04 | 0.06 | 0.05 | 0.06 | 0.07 | 0.088 |

［備考］ 特性1〜特性3：各特性の不良数、サンプル数 $n$、不適合品数 $np$、不適合品率 $p$（%）

図 5.20　$p$ 管理図の例

# 5.4　工程能力

## 5.4.1　工程能力指数

### （1）　工程能力指数と工程性能指数

　製造工程が製品規格を満たす程度を工程能力（process capability）といいます。工程能力は、製品規格幅を製品特性データの分布幅で割った値で示されます。

$$工程能力 = \frac{製品規格幅（W）}{製品特性データの分布幅（T）}$$

　工程能力を表す指数としては、工程能力指数（process capability index、$C_p$ または $C_{pk}$）と工程性能指数（process performance index、$P_p$ または $P_{pk}$）があります。工程能力指数は、安定した状態にある製造工程のアウトプット（製品）が、製品規格を満足させる能力を表し、製造工程が安定している量産時の工程能力指標、すなわち管理図を描いて、交替が安定していることがわかっている場合などに利用されます。

　一方工程性能指数は、ある製造工程のアウトプット（製品サンプル）が、製品規格を満足する能力を表し、製造工程が安定しているかどうかわからない場合、例えば新製品や工程変更を行った場合などに利用されます。工程能力指数および工程性能指数は、$\overline{X} - R$ 管理図と同様のデータから求めることができます（図 5.21 参照）。

　製品特性データの分布の中心を考慮しない場合、あるいは製品特性データの分布の中心が製品規格の中心に一致する場合の、製品規格に対する工程変動の指数（工程能力）を $C_p$ または $P_p$ で表し、一方製品特性データの分布の中心が製品規格の中心に一致しない場合の工程能力を $C_{pk}$ または $P_{pk}$ で表します。

　図 5.22（a）は、製品特性分布の中心が製品規格の中心と一致する場合、または製品特性の中心と製品規格の中心のずれを考慮しない場合の例（$C_p$）を示し、同図の（b）は、製品特性分布の中心が製品規格の中心と一致しない場合の例（$C_{pk}$）を示します。（b）の場合は、製品特性分布の中心の右半分と左半分について、それぞれの $C_{pu}$ および $C_{pl}$ を算出し、その小さい方を工程能力指数 $C_{pk}$ とします。

| | 規格に対する工程能力の指数 | |
|---|---|---|
| | 製品特性の中心値のずれを考慮しない場合 | 製品特性の中心値のずれを考慮した場合 |
| **工程能力指数**<br>安定状態にある工程のアウトプット（製品）が規格を満足する能力 | $C_p$ | $C_{pk}$ |
| **工程性能指数**<br>ある工程のアウトプット（製品サンプル）が規格を満足する能力 | $P_p$ | $P_{pk}$ |

**図 5.21　工程能力指数と工程性能指数**

（a）　データ分布の中心が
　　　規格の中心と一致する場合

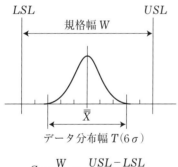

$$C_p = \frac{W}{T} = \frac{USL - LSL}{6\sigma}$$

（b）　データ分布の中心が
　　　規格の中心と一致しない場合

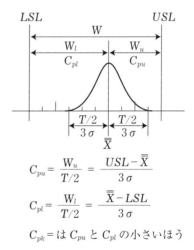

$$C_{pu} = \frac{W_u}{T/2} = \frac{USL - \overline{\overline{X}}}{3\sigma}$$

$$C_{pl} = \frac{W_l}{T/2} = \frac{\overline{\overline{X}} - LSL}{3\sigma}$$

$$C_{pk} = \text{は } C_{pu} \text{ と } C_{pl} \text{ の小さいほう}$$

**図 5.22　$C_p$ と $C_{pk}$**

## （2） 工程能力指数と工程性能指数の算出式

### a） 工程能力指数

前項でも述べましたが、工程能力指数 $C_p$ および $C_{pk}$ は、安定状態にある工程のアウトプット（製品）が、規格を満足する能力を表します。工程の中心位置の影響を考慮しない場合の $C_p$ は、次の式で表されます。

$$C_p = \frac{規格幅(W)}{データの分布幅(T)} = \frac{USL - LSL}{6\sigma} = \frac{USL - LSL}{6\overline{R}/d_2}$$

ここで、USL は上方規格限界（規格の最大許容範囲、upper specification limit）、LSL は下方規格限界（規格の最小許容範囲、lower specification limit）、$\sigma$（シグマ）は標準偏差、$6\sigma$ はサブグループ内変動すなわち工程固有の変動の範囲、$\overline{R}$ はサブグループ内の個々のサンプルのデータの範囲（最大値と最小値の差）の平均値、$d_2$ は統計的な係数です。

一方、工程の中心位置を考慮に入れた場合の $C_{pk}$ は、次の式で表されます。

$$C_{pk} = \frac{規格幅(W)／2 - 偏り(K)}{データの分布幅(T)／2}$$

すなわち $C_{pk}$ は、次の $C_{pu}$ または $C_{pl}$ の小さいほうの値となります。

$$C_{pu} = \frac{USL - \overline{\overline{X}}}{3\sigma} = \frac{USL - \overline{\overline{X}}}{3\overline{R}／d_2} \quad または \quad C_{pl} = \frac{\overline{\overline{X}} - LSL}{3\sigma} = \frac{\overline{\overline{X}} - LSL}{3\overline{R}／d_2}$$

ここで $\overline{\overline{X}}$ は、各サンプルのデータの総平均値です。

これを次の式で表すことがあります。

$$C_{pk} = \min(\frac{USL - \overline{\overline{X}}}{3\sigma}, \frac{\overline{\overline{X}} - LSL}{3\sigma})$$

ここで、$C_{pk}$ における "$k$" という記号は、データ分布の中心と規格の中心との偏りを意味します。"$k$" は日本語の "かたより（katayori）" から来ています。

### b） 工程性能指数

工程の変動には、サブグループ内の変動とサブグループ間の変動がありますが、これらの両方の変動を組み合わせたものを全工程変動（total process variation）と呼びます。

　工程性能指数 $P_p$ および $P_{pk}$ は、ある工程のアウトプット（サンプル）が、規格を満足する能力を表し、工程が安定しているかどうかわからない場合に使用されます。工程の中心位置を考慮しない場合の $P_p$ は、次の式で表されます。

$$P_p = \frac{規格幅(W)}{全工程変動(6s)} = \frac{USL - LSL}{6s}$$

$$s = \sqrt{\sum \frac{(X - \overline{X})^2}{n - 1}}$$

　ここで、$USL$ は上方規格限界、$LSL$ は下方規格限界、$s$ は全工程標準偏差です。

　一方、工程の中心位置を考慮に入れた場合の $P_{pk}$ は、次の式で表される、$P_{pu}$ または $P_{pl}$ の小さいほうの値となります。

$$P_{pu} = \frac{USL - \overline{\overline{X}}}{3s} \quad または \quad P_{pl} = \frac{\overline{\overline{X}} - LSL}{3s}$$

　ここで $\overline{\overline{X}}$ は、各サンプルのデータの総平均値です。

　これを次の式で表すことがあります。

$$P_{pk} = \min(\frac{USL - \overline{\overline{X}}}{3s}, \ \frac{\overline{\overline{X}} - LSL}{3s})$$

　これらの工程能力指数および工程性能指数の算出式をまとめたものを、図 5.23 に示します。

　なお、片側規格すなわち規格が、上限あるいは下限のいずれか一方のみの場合は、工程能力指数 $C_p$ および工程性能指数 $P_p$ は適用しません。

## （3）　工程能力指数および工程性能指数の評価

　上記の各指数は、いずれも評価して分析するとよいといわれています。安定した工程の $C_{pk}$ と $P_{pk}$ の値は、ほぼ等しくなります。

　$C_{pk}$ が $C_p$ よりも小さい場合や、$P_{pk}$ が $P_p$ よりも小さい場合は、測定データの分布の中心が規格の中心から外れていたり、変動の特別原因が存在することを示しています。

　そのような場合は、それらの原因を見つけて適切な処置をとり、工程を安定した状態にすることが必要です。

## 5.4.2 工程能力指数算出・評価の手順

　工程能力指数算出のためのデータを測定する際には、次の条件を満たすことが必要です。

① データを測定する工程は安定している（統計的管理状態にある）。

② 工程データの個々の測定値は、ほぼ正規分布を示す。

③ サンプリングが適切である。

・サブグループ内サンプル数 $n \geq 4$、サブグループ数 $k \geq 25$、総サンプル数 $\geq 100$ とする。

　工程能力指数算出・評価の手順は、図 5.24（pp.160 ～ 161）のようになります。

| サブグループ内変動<br>標準偏差　$\sigma$ | | $\sigma = \overline{R} \,/\, d_2$ | （注1） |
|---|---|---|---|
| 全工程変動標準偏差　$s$ | | $s = \sqrt{\sum \dfrac{(X - \overline{X})^2}{n - 1}}$ | （注2） |
| 工程能力指数 | $C_p$ | $C_p = \dfrac{USL - LSL}{6\sigma}$ | （注3） |
| | $C_{pk}$ | $C_{pk} = \min(\dfrac{USL - \overline{\overline{X}}}{3\sigma}, \dfrac{\overline{\overline{X}} - LSL}{3\sigma})$ | |
| 工程性能指数 | $P_p$ | $P_p = \dfrac{USL - LSL}{6s}$ | |
| | $P_{pk}$ | $P_{pk} = \min(\dfrac{USL - \overline{\overline{X}}}{3s}, \dfrac{\overline{\overline{X}} - LSL}{3s})$ | |

（注1）　$\overline{R}$ はサブグループ内サンプルデータの範囲 $R$ の平均値、$d_2$ は係数（図 5.34、p.169 参照）。
　　　　$\overline{X} - R$ 管理図ではなく $\overline{X} - s$ 管理図を使用する場合は、$\overline{R}/d_2$ の代わりに $\overline{s}/c_4$ を用いる。
（注2）　$X$ は各サンプルのデータ、$\overline{X}$ は $X$ の平均値、$n$ はサンプル数
（注3）　$USL$ は上方規格限界、$LSL$ は下方規格限界、$\overline{\overline{X}}$ はサブグループ内サンプルのデータの平均値 $\overline{X}$ の平均値

**図 5.23　工程能力指数と工程性能指数の算出式**

| ステップ | 実施項目 | 実施事項 |
|---|---|---|
| **準備**<br>ステップ 1 | サンプルの準備 | ① サンプリング計画を作成する。<br>② 工程から製品サンプルを選ぶ。<br>③ サブグループ内サンプル数 $n \geqq 4$、サブグループ数 $k \geqq 25$、総サンプル数 $\geqq 100$ とする。 |
| **管理図作成**<br>ステップ 2 | $\overline{X}-R$ 管理図の作成 | ① ヒストグラムおよび $\overline{X}-R$ 管理図を作成する。<br>② $\overline{X}-R$ 管理図作成方法については図 5.15 参照。 |
| ステップ 3 | $\overline{X}-R$ 管理図の評価 | ① ヒストグラムが正規分布を示すことを確認する。<br>② $\overline{X}-R$ 管理図から工程が安定すなわち統計的管理状態にあることを確認する。<br>・管理図の異常判定ルールについては図 5.11、p.142 参照。 |
| | $\overline{X}-R$ 管理図に対する処置 | ① ヒストグラムまたは $\overline{X}-R$ 管理図に異常が存在する場合は、その原因を究明して、処置をとる。 |
| **工程能力算出**<br>ステップ 4 | 標準偏差の算出 | ① サブグループ内変動標準偏差 $\sigma$ および全工程変動標準偏差 $s$ を、次の式から求める。<br>$$\sigma = \overline{R} \,/\, d_2 \qquad s = \sqrt{\sum \frac{(X-\overline{X})^2}{n-1}}$$ |
| ステップ 5 | 工程能力指数 $C_p$ の算出 | ① 工程の中心位置を考慮しない場合の工程能力指数 $C_p$ を、次の式から求める。<br>$$C_p = \frac{USL - LSL}{6\sigma}$$ |
| | 工程能力指数 $C_{pk}$ の算出 | ① 工程の中心位置を考慮した場合の工程能力指数 $C_{pk}$ を、次の式から求める。<br>$$C_{pk} = \min\left(\frac{USL - \overline{X}}{3\sigma},\ \frac{\overline{X} - LSL}{3\sigma}\right)$$ |
| ステップ 6 | 工程性能指数 $P_p$ の算出 | ① 工程の中心位置を考慮しない場合の工程性能指数 $P_p$ を、次の式から求める。<br>$$P_p = \frac{USL - LSL}{6s}$$ |
| | 工程性能指数 $P_{pk}$ の算出 | ① 工程の中心位置を考慮した場合の工程性能指数 $P_{pk}$ を、次の式から求める。<br>$$P_{pk} = \min\left(\frac{USL - \overline{X}}{3s},\ \frac{\overline{X} - LSL}{3s}\right)$$ |

**図 5.24　工程能力指数評価の手順（1/2）**

| ステップ | 実施項目 | 実施事項 |
|---|---|---|
| 評価<br>ステップ7 | 各指数の評価・分析 | ① $C_p$、$C_{pk}$ および $P_p$、$P_{pk}$ の各指数を評価・分析する。<br>② 安定した工程の $C_p$、$C_{pk}$ と $P_p$、$P_{pk}$ の値は、ほぼ等しくなる。<br>③ $C_{pk}$ が $C_p$ よりも小さい場合や、$P_{pk}$ が $P_p$ よりも小さい場合は、測定データの分布の中心が規格の中心から外れていることを示す。<br>④ $C_{pk}$ と $P_{pk}$ の値が異なる場合には、サブグループ間変動（工程変動）があること、すなわち変動の特別原因が存在することを示す。 |
| 改善<br>ステップ8 | 各指標が異なる場合、原因を調査して処置 | ① $C_p$、$C_{pk}$、$P_p$ および $P_{pk}$ の各指標が異なる場合は、工程が管理状態になく、特別原因が存在する可能性がある。<br>② その原因を見つけて適切な処置をとり、工程を安定した状態にする。 |
| | 工程能力指数の再算出 | ① 上記の各ステップを繰り返す。 |

図 5.24 工程能力指数評価の手順（2/2）

## 5.4.3 工程能力指数の算出・評価例

図 5.9（p.140）の $\overline{X}-R$ 管理図のデータの場合の工程能力に関する各指数（$C_p$、$C_{pk}$、$P_p$ および $P_{pk}$）を、図 5.23（p.159）の式を用いて計算すると、図 5.25 のようになります。

ここで、$C_{pk}$ の意味について考えて見ましょう。IATF 16949 では、生産部品承認プロセス（PPAP）参照マニュアルにおいて、$C_{pk}$ は 1.67 以上を要求しています。しかし品質管理の本によると、工程能力指数は 1.33 以上あればよいと書いてあることが多いようです。

では、$C_{pk}$ = 1.33 と 1.67 は、それぞれどのような意味をもつのかを考えてみましょう。これを図示すると図 5.26 のようになります。すなわち、製造工程の分布（ばらつき）と規格幅の余裕は、一般の工業製品では $1\sigma$ 以上あればよいですが、安全と品質が重視される自動車では、$2\sigma$ 以上の余裕の確保が要求

されていることがわかります。

　また IATF 16949 規格（箇条 9.1.1.1）では、"統計的に能力不足の特性に対して…対応計画を開始しなければならない。対応計画には、必要に応じて、製品の封じ込めおよび全数検査を含めなければならない" と記載されています。

| | | 算出式 | 計算結果 | |
|---|---|---|---|---|
| 測定データから | | 平均値 $\overline{X}$ = 10.0、範囲 $\overline{R}$ = 0.41（図 5.9 の $\overline{X}$–$R$ 管理図から）規格幅 $USL$ = 11.0、$LSL$ = 9.0、$d_2$ = 2.326（図 5.34 の係数表から） | | |
| サブグループ内変動標準偏差 $\sigma$ （注 1） | | $\sigma = \overline{R} \,/\, d_2$ | = 0.41 / 2.326 = 0.18 | |
| 全工程変動標準偏差 $s$ （注 2） | | $s = \sqrt{\sum \dfrac{(X-\overline{X})^2}{n-1}}$ | = 0.17 | |
| 工程能力指数（注 3） | $C_p$ | $C_p = \dfrac{USL - LSL}{6\sigma}$ | $= \dfrac{11.0 - 9.0}{6 \times 0.18} = 1.85$ | |
| | $C_{pk}$ | $C_{pu} = \dfrac{USL - \overline{\overline{X}}}{3\sigma}$ | $= \dfrac{11.0 - 10.0}{3 \times 0.18} = 1.85$ | したがって、$C_{pk}$ = 1.85 |
| | | $C_{pl} = \dfrac{\overline{\overline{X}} - LSL}{3\sigma}$ | $= \dfrac{10.0 - 9.0}{3 \times 0.18} = 1.85$ | |
| 工程性能指数 | $P_p$ | $P_p = \dfrac{USL - LSL}{6s}$ | $= \dfrac{11.0 - 9.0}{6 \times 0.17} = 1.96$ | |
| | $P_{pk}$ | $P_{pu} = \dfrac{USL - \overline{\overline{X}}}{3s}$ | $= \dfrac{11.0 - 10.0}{3 \times 0.17} = 1.96$ | したがって、$P_{pk}$ = 1.96 |
| | | $P_{pl} = \dfrac{\overline{\overline{X}} - LSL}{3s}$ | $= \dfrac{10.0 - 9.0}{3 \times 0.17} = 1.96$ | |

（注 1）　$\overline{R}$ はサブグループ内サンプルデータの範囲 $R$ の平均値、$d_2$ は係数（図 5.34 (p.169) 参照）
　　　　　$\overline{X}$–$s$ 管理図を使用する場合は、$\overline{R}\,/\,d_2$ の代わりに $\overline{s}\,/\,c_4$ を用いる。
（注 2）　図 5.9 (p.140) の $\overline{X}$–$R$ 管理図のデータから、図 5.23 (p.159) の式を用いて全工程変動標準偏差 $s$ を算出。$X$ は各サンプルのデータ、$\overline{X}$ は $X$ の平均値、$n$ はサンプル数
（注 3）　$USL$ は上方規格限界、$LSL$ は下方規格限界、$\overline{\overline{X}}$ はサブグループ内サンプルのデータの総平均値

**図 5.25　工程能力指数と工程性能指数の算出例**

　IATF 16949 では、十分な工程能力があることが前提であるため、工程能力が不足した場合に、全数検査が必要であることを述べています(図 5.27 参照)。

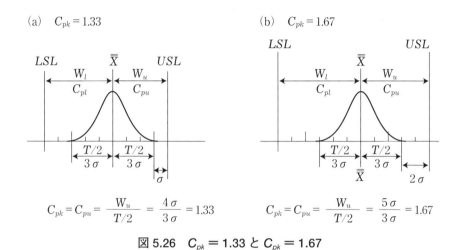

(a)　$C_{pk} = 1.33$

$$C_{pk} = C_{pu} = \frac{W_u}{T/2} = \frac{4\sigma}{3\sigma} = 1.33$$

(b)　$C_{pk} = 1.67$

$$C_{pk} = C_{pu} = \frac{W_u}{T/2} = \frac{5\sigma}{3\sigma} = 1.67$$

図 5.26　$C_{pk} = 1.33$ と $C_{pk} = 1.67$

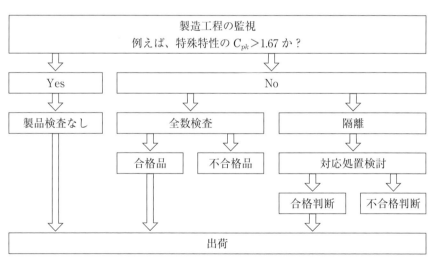

図 5.27　工程能力不足に対する処置の例

163

## 5.4.4　工程能力指数と不良率

図 5.23（p.159）に示したように、$C_{pk}$ は、次の式で表されます。

$$C_{pk} = \min(\frac{USL - \overline{\overline{X}}}{3\sigma}, \ \frac{\overline{\overline{X}} - LSL}{3\sigma})$$

工程能力と不良率の関係は、工程の片方の分布幅が $3\sigma$、すなわち $C_{pk} = 3\sigma / 3\sigma = 1.00$ のときの不良率は 0.27%（2,700ppm）、$C_{pk} = 4\sigma / 3\sigma = 1.33$ のときの不良率は 63ppm、$C_{pk} = 5\sigma / 3\sigma = 1.67$ のときの不良率は 0.57ppm となります。IATF 16949 では、5.4.3 項でも述べましたが、PPAP 参照マニュアルにおいて、$C_{pk}$ は 1.67 以上を要求しています。ここで ppm（parts per million）は、100 万分の 1 を表します（図 5.28 参照）。

一般的な工業製品に要求される $C_{pk} = 1.33$ は、不良率に換算すると 63ppm に相当します。一般の製品ではこのレベルでもよいかも知れませんが、自動車のように、規格外れが出ると安全や環境面での問題が発生するような製品の場合は、1ppm 程度の品質レベルが必要となり、IATF 16949 では、特殊特性などの重要な特性の工程能力指数は、1.67 以上を要求しています。

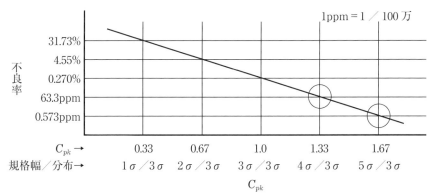

**図 5.28　工程能力と不良率**

# 5.5 損失関数

製品の良否、すなわち合格品か不合格品かを判定するために一般的に行われている方法は、製品特性が製品規格内にある場合は合格、規格外にある場合は不合格と判断する方法です。この場合は、規格内の製品の割合が合格率（良品率）、規格外の製品の割合が不合格率（不良率）となります。そして、合格率の高い工程はよい工程で、合格率の低い工程は悪い工程といわれています（図5.29 参照）。

これに対して、単に規格内にあるかどうかではなく、ある特性が規格の目標値（規格の中心値）から外れて行けばいくほど、損失が増大するという考え方があります。これを損失関数（loss function）と呼びます。

図 5.30 において、目標値は設計目標値（あるいは製品規格の中心値）を示します。位置 A（目標値すなわち製品規格の中心値）の製品の損失はゼロですが、位置 B の製品は、製品規格内ですが目標値から距離 $x$ だけずれているため、$y$ の損失があるという考え方です。

これは、製造工程における損失（品質損失コスト）を金額で評価するものです。実際の製品特性の分布の中心は、必ずしも製品規格の中心と一致しているとは限りません。図 5.31 に示すように、製品特性分布の中心が製品規格の中心から大きく外れるほど、品質損失コストは大きくなります。

IATF 16949 規格（箇条 9.3.2.1）では、マネジメントレビューにおいて、品質不良コストの評価を行うことを述べていますが、これが品質損失コストに相当します。不良個数や不良率ではなく、損失を金額で表すことを要求しています。

製品 1 個あたりの品質損失コストは、次の式で表すことができます。

$$L = C_f ( \sigma^2 + K^2 ) \diagup D^2$$

ここで、

$L$：品質損失コスト

$C_f$：不良品 1 個あたりのコスト

$\sigma$：製品特性分布の標準偏差

$K$：偏り、すなわち規格中心値と製品分布の平均値 $\overline{\overline{X}}$ の差

$D$：規格中心値から規格許容値（$USL$、$LSL$）までの幅

　上記の式を用いて計算した品質損失コストの算出例を、図5.32に示します。

　IATF 16949規格では、マネジメントレビューにおいて、不良個数や不良率ではなく、不良による損失を金額（品質損失コスト）で表すことを求めていることを述べましたが、これは品質問題が発生したときに、経営者が経営的な判断を下すためには、クレーム件数や不良率などのデータではなく、その損失を金額で評価することによって、経営的な判断ができるからです。

（a）製品Aと製品Bは同程度に良品で　　　（b）規格内の製品は良品で同じ価値がある
　　　製品Cは不良品

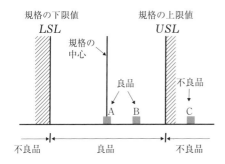
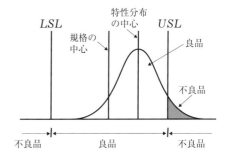

図5.29　製品規格と合否判定

製品Bは目標値から距離が$x$ずれているため、$y$の損失がある

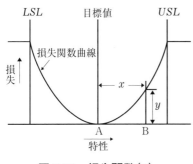

図5.30　損失関数（1）

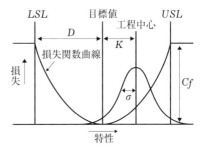

図5.31　損失関数（2）

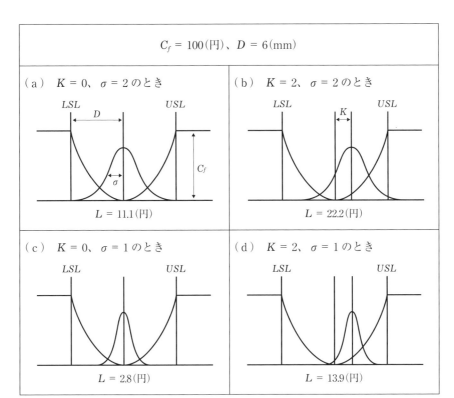

$C_f = 100$（円）、$D = 6$（mm）

（a）　$K = 0$、$\sigma = 2$ のとき

$L = 11.1$（円）

（b）　$K = 2$、$\sigma = 2$ のとき

$L = 22.2$（円）

（c）　$K = 0$、$\sigma = 1$ のとき

$L = 2.8$（円）

（d）　$K = 2$、$\sigma = 1$ のとき

$L = 13.9$（円）

［備考］　$L$：品質損失コスト（円）

$C_f$：不良品 1 個あたりのコスト（円）

$\sigma$：製品特性分布の標準偏差（mm）

$K$：設計目標値と特性分布中心値の差（mm）

$D$：設計目標値から規格許容値までの幅（mm）

**図 5.32　品質損失コストの算出例**

## 5.6　IATF 16949 における SPC の特徴

　IATF 16949 における SPC の特徴について説明しましょう（図 5.33 参照）。
わが国では、管理図に対する異常判定ルールは、JIS Z 9020-2 に従った基準が
用いられていますが、IATF 16949 の SPC 参照マニュアルでは、JIS 規格と
は異なる異常判定ルールが用いられています（図 5.11（p.142）参照／図 5.13 ～
図 5.14（p.144）参照）。

　IATF 16949 では、工程能力指数 $C_{pk}$ と工程性能指数 $P_{pk}$ の両方が要求され
ており、それぞれ次の式で表されます。

$$C_{pk} = \min\left(\frac{USL - \overline{\overline{X}}}{3\sigma},\ \frac{\overline{\overline{X}} - LSL}{3\sigma}\right),\ P_{pk} = \min\left(\frac{USL - \overline{\overline{X}}}{3s},\ \frac{\overline{\overline{X}} - LSL}{3s}\right)$$

　ここで、$USL$ は上方規格限界、$LSL$ は下方規格限界、$\sigma$ はサブグループ内
変動標準偏差、$s$ は全工程変動標準偏差です。

　一般的にいわれている工程能力指数は、IATF 16949 の工程性能指数に相当
します。また工程能力指数 $C_{pk}$ は、一般的には 1.33 あればよいといわれてい
ますが、IATF 16949 では、特殊工程などの重要な特性に対して、PPAP にお
いて 1.67 以上が要求されています。

|  | IATF 16949 における SPC | 一般的な SPC |
|---|---|---|
| 管理図の異常判定ルール | ・JIS とは異なる異常判定ルールが用いられている。 | ・JIS Z 9020-2 に従った異常判定ルールが用いられている。 |
| 工程能力指数と工程性能指数 | ・工程能力指数 $C_{pk}$ と工程性能指数 $P_{pk}$ の両方が要求されている。 | ・一般的にいわれる工程能力指数は、IATF 16949 では工程性能指数に相当する。 |
| 工程能力の要求レベル | ・IATF 16949 では、工程能力指数 $C_{pk}$ は 1.67 以上が要求されている。 | ・工程能力は、一般的には 1.33 あればよいといわれている。 |
| 品質不良コスト | ・不良数、不良率、歩留りなどの品質指標だけでなく、品質の損失を金額で表した品質不良コストや損失関数などの適用が要求されている。 | ・品質不良コストなどのお金に関することは要求されていない。 |

**図 5.33　IATF 16949 における SPC の特徴**

| 管理図 | | 管理限界係数 | 推定値除数 |
|---|---|---|---|
| $\overline{X}-R$ 管理図 | $\overline{X}$ 管理図 | $A_2$ | |
| | $R$ 管理図 | $D_3$、$D_4$ | $d_2$ |
| $\overline{X}-s$ 管理図 | $\overline{X}$ 管理図 | $A_3$ | |
| | $s$ 管理図 | $B_3$、$B_4$ | $c_4$ |
| $X_m-R$ 管理図 | $X_m$ 管理図 | $A_{2m}$ | |
| | $R$ 管理図 | $D_3$、$D_4$ | $d_2$ |
| $X-MR$ 管理図 | $X$ 管理図 | $E_2$ | |
| | $MR$ 管理図 | $D_3$、$D_4$ | $d_2$ |

| $n$ 係数 | 2 | 3 | 4 | 5 | 6 | 7 | 8 | 9 | 10 |
|---|---|---|---|---|---|---|---|---|---|
| $A_2$ | 1.880 | 1.023 | 0.729 | 0.577 | 0.483 | 0.419 | 0.373 | 0.337 | 0.308 |
| $A_{2m}$ | 1.880 | 1.187 | 0.796 | 0.691 | 0.549 | 0.509 | 0.432 | 0.412 | 0.363 |
| $A_3$ | 2.659 | 1.954 | 1.628 | 1.427 | 1.287 | 1.182 | 1.099 | 1.032 | 0.975 |
| $B_3$ | – | – | – | – | 0.030 | 0.118 | 0.185 | 0.239 | 0.284 |
| $B_4$ | 3.267 | 2.568 | 2.266 | 2.089 | 1.970 | 1.882 | 1.815 | 1.761 | 1.716 |
| $D_3$ | – | – | – | – | – | 0.076 | 0.136 | 0.184 | 0.223 |
| $D_4$ | 3.267 | 2.575 | 2.282 | 2.115 | 2.004 | 1.924 | 1.864 | 1.816 | 1.777 |
| $E_2$ | 2.659 | 1.772 | 1.457 | 1.290 | 1.184 | 1.109 | 1.054 | 1.010 | 0.975 |
| $d_2$ | 1.128 | 1.693 | 2.059 | 2.326 | 2.534 | 2.704 | 2.847 | 2.970 | 3.078 |
| $c_4$ | 0.798 | 0.886 | 0.921 | 0.941 | 0.952 | 0.959 | 0.965 | 0.969 | 0.973 |

［備考］　AIAG：*Reference Manual*, "Statiacal Process Control(SPC) 2nd edition"(2005)、森口繁一、日科技連数値表委員会 編：『新編 日科技連数値表－第2版－』(2009 年)をもとに著者作成

**図 5.34　計量値管理図の係数表**

# 第6章

# MSA：
# 測定システム解析

　この章では、IATF 16949 で要求している MSA（測定システム解析）に関して、AIAG の MSA 参照マニュアルの内容に沿って説明します。

　そして、偏り、安定性、直線性および繰返し性・再現性（ゲージ R&R）、ならびに計数値の測定システム解析手法であるクロスタブ法について、それぞれ実施例を含めて説明します。

　詳細については、MSA 参照マニュアルをご参照ください。

　なお本書では、標準偏差や回帰直線などの統計的な計算には、パソコンソフトの Excel 関数を利用しました。これらの統計的な計算には、市販のソフトウェアパッケージを利用することができます。また、各計算式で用いる係数は、MSA 参照マニュアルまたは日科技連数値表を利用することができます。

# 6.1　MSA の基礎

## 6.1.1　MSA とは

　測定者 A さんがある測定器を用いて、ある製品の特性を 5 回測定した場合、5 回ともまったく同じ結果(測定データ)が得られるとは限りません。また測定者 B さんが、A さんと同じ測定器で同じ製品を測定した場合や、A さんが別の測定器を用いて測定した場合も、異なるデータが得られるでしょう。

　第 5 章では、製造工程が変動し、その結果製品特性の測定結果も変動することを述べました。このように、一般的に測定結果は正しいと考えられています。しかし測定結果には、製品の変動(ばらつき)だけでなく、測定システムの変動も含まれているのです。測定対象製品、測定器、測定者、測定方法、測定環境などの測定システムの要因によって、測定データに変動が出るのが一般的です。したがって、製造工程の変動に比べて測定システムの変動が十分小さくなければ、測定結果に対する信頼性はなくなります。測定システム全体としての変動がどの程度存在するのかを調査し、測定システムが製品やプロセスの特性の測定に適しているかどうかを判定することが必要となります。この測定システム全体の変動を統計的に評価する方法が、MSA(measurement system analysis、測定システム解析)です(図 6.1 参照)。

## 6.1.2　測定機器の校正

　IATF 16949 規格(箇条 7.1.5.2)では、測定機器に対して、定期的に校正(calibration)を行うことを要求しています。校正とは、測定機器を用いて標準サンプルを測定し、その値を国際標準などの既知の標準値と比較して、トレーサビリティ(traceability、追跡可能性)を確認することをいいます。

　校正を行っている場所は試験所に相当し、IATF 16949 規格(箇条 7.1.5.3)の試験所要求事項に適合することが必要です。MSA 参照マニュアルでは、測定機器の校正と試験所要求事項について、IATF 16949 規格と同様の管理を求めています。

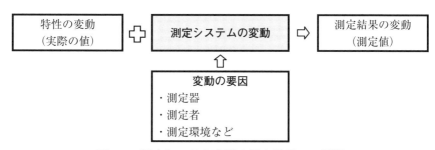

図 6.1 測定システム変動の測定結果への影響

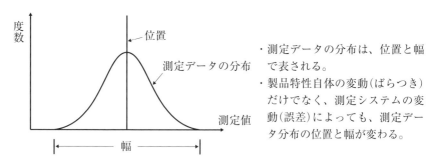

図 6.2 測定データ分布の位置と幅

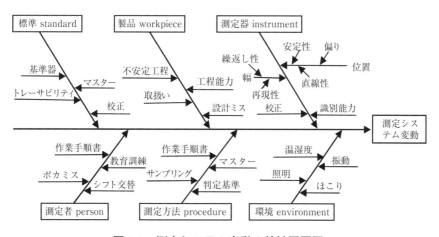

図 6.3 測定システム変動の特性要因図

# 6.1.3　測定システムの変動

## （1）　測定システム変動の要素

　測定結果には、図 6.2（p.173）に示すように、位置（中心の位置）の変動と幅の変動（広がり）があります。測定システム変動は、次のように分けることができます。

　①　データの位置に関係するもの…偏り、安定性、直線性

　②　データの幅に関係するもの…繰返し性、再現性

　これらの測定システムの変動のうち、偏り、安定性および直線性などの位置の変動に関しては、測定機器の校正や検証で対処することも可能ですが、繰返し性、再現性およびそれらの組合せであるゲージ R&R（$GRR$）については、IATF 16949 の測定システム解析（MSA）参照マニュアルで説明されているような、単に測定機器の変動（誤差）だけでなく、種々の変動の要因を考慮した、測定システム全体としての評価が必要となります。

| 区分 | 変動の種類 | 内　容 |
|---|---|---|
| 位置の変動 | 偏　り<br>bias | ・測定値の平均値と基準値（参照値、真の値）との差 |
| | 安定性<br>stability | ・一人の測定者が、同一製品の同一特性を、同じ測定器を使って、ある程度の時間間隔をおいて測定したときの測定値の平均値の差。<br>・ドリフト（drift）ともいう。 |
| | 直線性<br>linearity | ・測定機器の使用（測定）範囲全体にわたる偏りの変化 |
| 幅の変動 | 繰返し性<br>repeatability | ・一人の測定者が、同一製品の同一特性を、同じ測定機器を使って、数回測定したときの測定値の変動（幅）<br>・変動の原因が主として測定機器にあることから、装置変動（$EV$、equipment variation）ともいわれる。 |
| | 再現性<br>reproducibility | ・異なる測定者が、同一製品の同一特性を、同じ測定器を使って、数回測定したときの、各測定者ごとの平均値の変動<br>・変動の原因が主として測定者にあることから、測定者変動（$AV$、appraiser variation）ともいわれる。 |

図 6.4　測定システム変動の種類（1）

　これらの測定システム変動の種類を図 6.4 に、またそれらを図示したものを図 6.5 に示します。

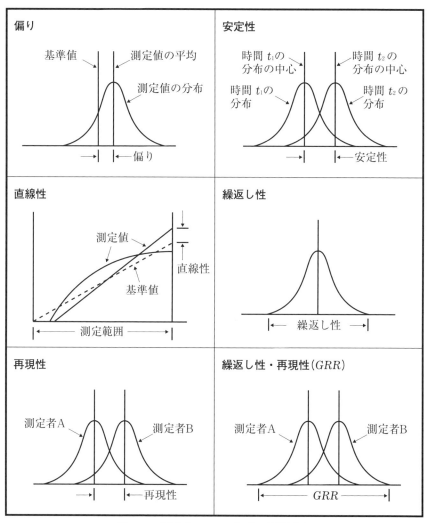

図 6.5　測定システム変動の種類(2)

## (2)　測定システム変動の原因

　MSA 参照マニュアルでは、測定システム変動の原因を SWIPE の各要素に分類しています。SWIPE とは、標準（器）(standard)、ワークピース (workpiece、製品)、測定器(instrument)、測定者と測定手順(person and procedure、測定者と測定方法)および測定環境(environment)のことです。表現方法は異なりますが、第5章で述べた SPC における 5M1E と同様と考えるとよいでしょう(図6.3(p.173)参照)。

## (3)　測定システム変動の影響

### a)　測定システム変動の製品評価への影響

　測定システムの変動(誤差)が製品の評価(製品の合否判定)に与える影響について考えてみましょう。

　図6.6(a)は、ある製品特性の分布を示しています。この製造工程は、統計的に安定した状態にありますが、工程性能指数は $P_p = P_{pk} = 0.5$ で、工程能力が十分でないために、規格外れの製品が発生しています。したがって、製品の選別検査が必要となります(工程能力および工程性能指数については 5.4.1 項参照)。

　この選別検査において、図6.6(b)に示した領域 A の製品は常に良品と判定され、領域 C の製品は常に不良品と判定されます。しかし、規格の上限値または規格の下限値付近にある領域 B の製品は、測定システムの変動(誤差)のために、良品が不良品と判定されたり(これを誤り警告、第一種の誤りまたは生産者リスクといいます)、また不良品が良品と判定されることがあります(これをミス率、第二種の誤りまたは消費者リスクといいます)。すなわち、領域 B は灰色領域ということになります。

### b)　測定システム変動の工程評価への影響

　測定システムの変動は、工程の安定性を評価する場合にも影響を与える可能性があります。実際の工程変動と測定された工程変動との間の関係は、次の式で表されます。

$$\sigma_{obs}^2 = \sigma_{act}^2 + \sigma_{msa}^2 \quad \cdots ①$$

ここで、

$\sigma_{obs}^2$ = 測定された工程変動、測定値の変動

$\sigma_{act}^2$ = 実際の工程変動、製品の変動

$\sigma_{msa}^2$ = 測定システムの変動、測定誤差

5.4.1 項で述べたように、工程能力指数 $C_p$ は、次のように定義されます。

$$C_p = (規格幅)／(測定データの分布幅) = W／T = W／6\sigma$$

ここで、W は規格幅、T は測定データの分布幅、$\sigma$ は標準偏差

したがって、測定された工程能力指数と実際の工程能力指数との間の関係は、式①から次のように表すことができます。

$$1／C_{p\ obs}^2 = 1／C_{p\ act}^2 + 1／C_{p\ msa}^2 \quad \cdots ②$$

ここで、

$C_{p\ obs}$ = 測定された工程能力

$C_{p\ act}$ = 実際の工程能力

$C_{p\ msa}$ = 測定システムの工程能力

　すなわち、測定された工程能力は、実際の工程能力と測定システムの工程能力との組合せになり、測定値の変動は、製品の実際の変動よりも大きく現れることになります。そして、製品規格限界付近の製品は誤判定される可能性があ

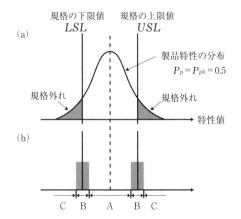

・領域 A：良品は常に良品と判定される。

・領域 B：良品を不良品または不良品を良品と誤判定される可能性がある。すなわち、測定システムに関する灰色領域

・領域 C：不良品は常に不良品と判定される。

**図 6.6　測定システムの変動による製品評価への影響**

り、測定システムの変動を評価することが必要となります(図 6.7 参照)。

　例えば、実際の工程能力 $C_{p\ act}$ が 2.0 であるとします。この場合、式②を用いて、測定システムの工程能力 $C_{p\ msa}$ が 2.0 の場合は、測定された工程能力 $C_{p\ obs}$ は 1.4 となりますが、測定システムの工程能力 $C_{p\ msa}$ が 1.5 の場合は、測定された工程能力 $C_{p\ obs}$ は 1.2 となります(図 6.8 参照)。

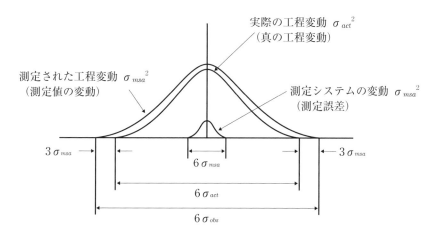

**図 6.7　測定システムの変動による工程評価への影響**

| 実際の工程能力<br>$C_{p\ act}$ | 測定システムの工程能力<br>$C_{p\ msa}$ | 測定された工程能力<br>$C_{p\ obs}$ |
|:---:|:---:|:---:|
| 2.0 | 2.0 | 1.4 |
| 2.0 | 1.5 | 1.2 |

**図 6.8　測定された工程能力と実際の工程能力の例**

# 6.2 種々の測定システム解析

## 6.2.1 測定システム解析の準備

測定システム解析を実施する際の、測定システムに要求される条件と主な準備事項を図 6.9 に示します。

| 項　目 | 内　容 |
|---|---|
| 測定システム解析の方法 | ①　用いる測定システム解析の方法を検討する（測定者による影響の有無など）。<br>②　測定方法は定められた測定手順に従う。 |
| サンプリング計画 | ①　測定者数、サンプル数、繰返し測定回数などのサンプリング計画を作成する。<br>②　サンプルは、製造工程を代表する製品からランダムに選ぶ。<br>③　測定者は、実際にその測定器を使用している人の中から、力量の高い人に偏るのではなく、ランダムに選ぶ。<br>④　例えば、製造現場で測定を行っている場合の測定システム解析に、精密測定室の測定器を使用したり、品質管理部の熟練技術者が測定を行うことは適切ではない。 |
| 測定器の目盛 | ①　測定器は、特性値の工程変動の少なくとも 10 分の 1 を読み取れる識別能を有する。すなわち測定器の目盛は、工程の変動および規格限界と比べて十分小さいこと。<br>②　例えば、特性値の変動が 0.01 であれば、測定装置は 0.001 の変化を読むことができるものである。 |
| 測定システムの状態 | ①　測定システムの変動は、共通原因のみによるもので特別原因は存在しない、統計的管理状態にあること |
| 測定システム変動の大きさ | ①　測定システムの変動は、製品規格の許容差および製造工程の変動に比べて十分小さいこと<br>②　測定システムの変動は、工程変動（$PV = 6\sigma$）または MSA 解析から得られる全変動（$TV$）に比べて十分小さいこと |
| 検査治工具の管理 | ①　検査治工具の設定状態が、測定結果に重大な影響を与える可能性があるため、検査治工具の管理を適切に行う。 |

**図 6.9　測定システム解析の条件と主な準備事項**

## 6.2.2　安定性の評価

### （1）　安定性評価の手順

　安定性(stability)は、図 6.4 (p.174) に示したように、一人の測定者が、同一製品の同一特性を、同じ測定器を使って、ある程度の時間間隔をおいて測定したときの測定値の平均値の差をいいます。

　安定性の評価は、サンプルの測定データから $\overline{X} - R$ 管理図を作成して、管理図の異常判定ルールに従って管理図を評価し、管理外れの状態が見つからない場合は、製造工程も測定システムも安定していると考えることができます。

　測定システムの安定性の評価において、$\overline{X} - R$ 管理図で管理外れの状態が発見された場合は、次の 2 つのいずれかの可能性があります。

　①　製造工程が安定していない。

　②　測定システムが安定していない。

　もし管理外れの状態が発見された場合は、管理図の出来事欄の記録などから、製造工程が安定しているかどうかを調べます。製造工程が不安定であるという証拠が見当たらない場合は、測定システムが不安定である可能性が大きいといえます。

　安定性評価の手順は、図 6.10 のようになります。

### （2）　安定性評価の実施例

　製造工程から、測定範囲のほぼ中央の値を示す製品サンプルを 1 つ選び、これをこの製品の測定システム安定性評価のマスターサンプル(標準サンプル)とします。このマスターサンプルを毎日 5 回($r = 5$)、20 日間($k = 20$)にわたって測定します。

　測定データを安定性評価データシートに記載した例を図 6.11 に示します。この測定データから、各サブグループ(測定日)ごとに、測定値の平均 $\overline{X}$ および範囲 $R$ を計算し、データシートに記入します。そして、各サブグループの $\overline{X}$ と $R$ の値を $\overline{X} - R$ 管理図に図示します。

　次に、$CL$ および $UCL$ および $LCL$ を、図 5.16 (p.147) で述べた $\overline{X} - R$ 管理図の公式を用いて計算し、これらの管理限界線を管理図に記入して、$\overline{X} - R$ 管

| ステップ | 実施項目 | 実施事項 |
|---|---|---|
| 準備<br>ステップ 1 | マスターサンプルの選定 | ① 製造工程から、測定範囲のほぼ中央の値を示す製品サンプルを 1 つ選び、これを安定性評価のマスターサンプル（標準サンプル）とする。<br>② マスターサンプルは、測定範囲の中央近く以外に、測定範囲の上限近くおよび下限近くのサンプルを含めることが望ましい。 |
| | サンプリング計画の作成 | ① サンプリング計画（測定回数 $r$、測定期間 $k$ など）を作成する。 |
| 測定<br>ステップ 2 | 測定の実施 | ① 対象の測定システムを用いて、マスターサンプルを 1 日 $r$ 回、$k$ 日間にわたって測定し、安定性評価データシートに記入する。 |
| 管理図作成<br>ステップ 3 | $\overline{X}-R$ 管理図の作成 | ① 測定データから、平均値 $\overline{X}$ および範囲 R を算出し、$\overline{X}-R$ 管理図に時間順に記入する。<br>② 測定データから CL、UCL および LCL を算出して、管理図に記入する。<br>③ 管理図の作成方法に関しては、図 5.15 参照。 |
| 評価<br>ステップ 4 | 管理外れ状態の有無の評価 | ① 管理図の異常判定ルール（図 5.11 参照）に従って、管理外れ状態の有無を評価する。<br>② 管理外れ状態でなければ、測定システムは安定していると判断できる。 |
| 改善<br>ステップ 5 | 変動の特別原因の調査と対策 | ① 管理外れの状態（異常点）が見つかった場合は、製造工程が不安定または測定システムが安定状態でないと考えられる。<br>② その場合は、製造工程不安定または測定システム変動の特別原因を見つけて、改善処置をとる。 |

**図 6.10　安定性評価の手順**

理図を完成させます。

　図 6.11 の管理図を解析し、管理外れの状態があるかどうかを調査します。管理図からは、管理限界線を超える点などの、図 5.11（p.142）に示した管理図の異常判定ルールに示した管理外れの状態は見当たりません。したがって、この測定システムは安定していると考えることができます。

| | 1 | 2 | 3 | 4 | 5 | 6 | 7 | 8 | 9 | 10 | 11 | 12 | 13 | 14 | 15 | 16 | 17 | 18 | 19 | 20 | 平均 |
|---|---|---|---|---|---|---|---|---|---|---|---|---|---|---|---|---|---|---|---|---|---|
| $X_1$ | 10.2 | 10.3 | 9.9 | 9.9 | 9.6 | 10.1 | 9.9 | 9.8 | 10.1 | 10.0 | 9.9 | 10.0 | 9.9 | 10.0 | 10.1 | 9.8 | 9.9 | 9.8 | 9.6 | 10.2 | |
| $X_2$ | 10.0 | 9.9 | 10.0 | 10.1 | 10.1 | 10.0 | 10.0 | 9.9 | 9.9 | 10.1 | 10.0 | 9.9 | 9.5 | 10.1 | 10.3 | 10.0 | 10.0 | 9.9 | 10.0 | 10.0 | |
| $X_3$ | 10.2 | 10.5 | 9.8 | 10.2 | 9.9 | 10.2 | 9.9 | 9.8 | 10.2 | 10.2 | 9.9 | 10.2 | 9.9 | 10.0 | 10.1 | 9.9 | 9.9 | 10.0 | 10.2 | 10.2 | |
| $X_4$ | 10.0 | 9.8 | 10.0 | 10.2 | 10.0 | 9.8 | 10.1 | 10.0 | 10.0 | 9.8 | 9.8 | 10.2 | 10.2 | 10.1 | 9.8 | 9.8 | 10.1 | 9.9 | 10.1 | 10.0 | |
| $X_5$ | 9.9 | 9.7 | 10.1 | 9.8 | 10.4 | 9.9 | 10.1 | 10.3 | 10.1 | 10.1 | 10.1 | 10.1 | 10.0 | 10.3 | 10.2 | 10.1 | 10.1 | 10.0 | 9.9 | 10.0 | |
| $\overline{X}$ | 10.1 | 10.0 | 10.0 | 10.0 | 10.0 | 10.0 | 10.0 | 10.0 | 10.1 | 10.0 | 10.0 | 10.0 | 9.9 | 10.1 | 10.1 | 9.9 | 10.0 | 9.9 | 10.0 | 10.1 | 10.00 |
| $R$ | 0.3 | 0.8 | 0.3 | 0.4 | 0.8 | 0.4 | 0.2 | 0.5 | 0.3 | 0.4 | 0.3 | 0.3 | 0.7 | 0.3 | 0.5 | 0.3 | 0.2 | 0.2 | 0.6 | 0.2 | 0.40 |

**$\overline{X}$管理図**

$$CL = \overline{X} = 10.00$$
$$UCL = \overline{X} + A_2 \times \overline{R} = 10.23$$
$$LCL = \overline{X} - A_2 \times \overline{R} = 9.77$$

**$R$管理図**

$$CL = \overline{R} = 0.40$$
$$UCL = D_4 \times \overline{R} = 0.84$$

**係数**

$$A_2 = 0.577$$
$$D_4 = 2.115$$

X管理図　$UCL = 10.23$　$CL = 10.00$　$LCL = 9.77$

R管理図　$UCL = 0.84$　$CL = 0.40$

図 6.11　安定性評価データシートと $\overline{X} - R$ 管理図の例

## 6.2.3 偏りの評価

### (1) 偏り評価の手順

　偏り(bias)は、図 6.4(p.174)に示したように、測定値の平均値と基準値との差をいいます。偏りの評価は、前項の安定性の評価と同様、$\overline{X}-R$ 管理図のデータにもとづいて、計算で求めることができます。偏り評価の手順を図 6.12 (pp.183 〜 184)に示します。なお、計算する際に用いる係数表を図 6.35(p.207)に示します。

| ステップ | 実施項目 | 実施事項 |
|---|---|---|
| 準備<br>ステップ 1 | 基準値の設定 | ① 測定範囲のほぼ中央の値を示すマスターサンプル 1 つを選び、精密測定室で $r$ 回($r \geqq 10$)測定し、その平均値を基準値 $X_o$ とする。<br>$$X_o = \Sigma X / r_o$$ |
| 測定<br>ステップ 2 | サンプリング計画、測定の実施 | ① 対象の測定システムを用いて、マスターサンプルを 1 日 $r$ 回、$k$ 日間にわたって測定する。 |
| | 測定値の総平均値 $\overline{\overline{X}}$、および範囲の平均値 $\overline{R}$ の算出 | ① 測定値の平均値 $\overline{X}$、総平均値 $\overline{\overline{X}}$、および範囲の平均値 $\overline{R}$ を算出する。<br>$$\overline{\overline{X}} = \Sigma \overline{X} / k, \quad \overline{R} = \Sigma R / k$$<br>② $\overline{X}$ および $\overline{R}$ は、偏り評価データシートから求めることができる。($k$ はサンプル測定日数) |
| 管理図作成<br>ステップ 3 | $\overline{X}-R$ 管理図の作成・解析 | ① 測定データから、図 5.15 に示した管理図作成手順に従って、$\overline{X}-R$ 管理図を作成する。<br>② 管理図で測定データが安定していることを確認する。 |
| 解析<br>ステップ 4 | 偏り $B_o$ の算出 | ① 偏り $B_o$ を次の式から算出する。<br>$$B_o = \overline{\overline{X}} - X_o$$ |
| ステップ 5 | 繰返し性の標準偏差 $\sigma_r$、偏りの標準偏差 $\sigma_b$、および偏りの統計量 $t$ の算出 | ① 繰返し性の標準偏差 $\sigma_r$、および偏りの標準偏差 $\sigma_b$ を次の式から算出する。<br>$$\sigma_r = \overline{R} / d_2{}^*, \quad \sigma_b = \sigma_r / \sqrt{k}$$<br>($d_2{}^*$ の値は図 6.35(p.207)参照)<br>② 偏りの統計量 $t$ を、次の式から算出する。<br>$$t = B_o / \sigma_b$$ |

図 6.12 偏り評価の手順(1/2)

| ステップ | 実施項目 | 実施事項 |
|---|---|---|
| ステップ 6 | 偏りの 95% 信頼区間 $B_a$ の算出 | ①　有意水準 5%（$a = 0.05$）における偏り $B$ の 95% 信頼区間 $B_a$ を、次の式から算出する。$$B_a = B_o \pm \sigma_b \times t_{v,\,1-a/2}$$ |
| 評価 ステップ 7 | 偏りの評価・判定 | ①　偏り $B = 0$ が、上記 $B_a$ の 95% 信頼区間内にあれば、有意水準 5% における偏りは許容できる（図 6.13 参照）。 |
| 改善 ステップ 8 | 偏りの原因調査と改善 | ①　偏り評価の結果が許容できない場合は、その原因を究明して、改善処置をとる。 |

(注1)　自由度 $v$（ニュー）、係数 $d_2$、$d_2^*$、および $t_{v,\,1-a/2}$ の値は、MSA 参照マニュアルの $d_2^*$ 表、日科技連数値表の範囲を用いる検定の補助表、または数値表の $t$ 表から求めることができる。

(注2)　$B_a$ を求める式は、$B_a = B_o \pm d_2 / d_2^* \times \sigma_b \times t_{v,\,1-a/2}$ であるが、サブグループ数 $k$ の値が大きい（例えば $k \geq 20$）ときは $d_2^*$ はほぼ $d_2$ に等しいため、本書では $d_2^* \fallingdotseq d_2$ として上表の式を用いる。

**図 6.12　偏り評価の手順（2/2）**

(a)　偏り $B = 0$ が 95% 信頼区間 $B_a$ 内にある場合は、偏りは許容できる。

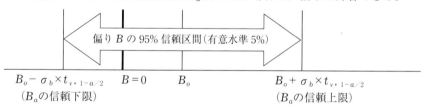

(b)　偏り $B = 0$ が 95% 信頼区間 $B_a$ の外にある場合は、偏りは許容できない。

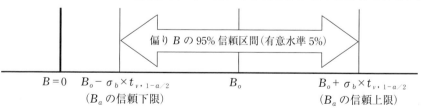

**図 6.13　偏り評価の判定基準**

## （2）　偏り評価の実施例

　製造工程から、測定範囲のほぼ中央の値を示す製品サンプルを 1 つ選び、これを偏り評価のマスターサンプル（標準サンプル）とします。このマスターサンプルを精密測定室で熟練検査員によって 10 回測定し、その平均値を偏り評価の基準値（$X_o$）とします。本書では、得られた基準値 $X_o$ = 9.99 と仮定します。

　次に、偏り評価の対象となる測定システムを用いて、上記のマスターサンプルの測定を、毎日 5 回（$r = 5$）、20 日間（$k = 20$）行い、偏り評価のデータシートを作成します。本書では、図 6.11（p.182）に示した安定性評価で用いたデータシートのデータを、偏り評価のデータシートとして利用することにします。

　図 6.12 に示した偏り評価の計算式を用いて、測定値の総平均値 $\overline{\overline{X}}$、範囲の平均値 $\overline{R}$、偏り $B_o$、繰返し性の標準偏差 $\sigma_r$、偏りの標準偏差 $\sigma_b$ および偏りの管理統計量 $t$ の順に計算し、有意水準 5% における偏りの 95% 信頼区間 $B_a$ を算出すると、図 6.14 のようになります。またこれを図示すると、図 6.16（p.188）のようになります。

　図 6.16 から、偏りの 95% 信頼区間 $B_a$ は、－ 0.066 ～ ＋ 0.086 の範囲であり、偏り $B = 0$ がこの 95% 信頼区間内にあることがわかります。したがって、この測定システムの 95% 信頼区間における偏りは、測定システムとして許容できると判断できます。

　もし測定システムの偏り $B = 0$ が、95% 信頼区間内に入らない場合は、その測定システムの偏りは許容できないと判断され、その原因を見つけて改善処置をとることが必要です。

　偏りが 95% 信頼区間に入らない原因としては、次のようなことが考えられます。

①　マスターサンプルの基準値の誤差が大きすぎる。

②　測定器が摩耗している。

③　測定器が校正不良である。

④　測定器の使用方法が不適切である。

　なお、$t$ 表の使用方法および自由度 $\nu$（ニュー）の求め方などについては、統計の専門書をご参照ください。

| 項　目 | 計算式 | 計算結果 |
|---|---|---|
| 基準値 $X_o$ | $X_o = \Sigma X / r_o$ | $X_o = 9.99$ とする。 |
| 測定値の総平均値 $\overline{\overline{X}}$ | $\overline{\overline{X}} = \Sigma \overline{X} / k$ | 図 6.11（p.182）のデータを利用して、<br>$\overline{\overline{X}} = 200.1 / 20 = 10.00$ |
| 範囲の平均値 $\overline{R}$ | $\overline{R} = \Sigma R / k$ | 図 6.11 のデータを利用して、<br>$\overline{R} = 8.0 / 20 = 0.40$ |
| 管理図の作成・解析 | $\overline{X} - R$ 管理図の作成・解析 | 管理図が安定していることを確認 |
| 偏り $B_o$ | $B_o = \overline{\overline{X}} - X_o$ | $B_o = 10.00 - 9.99 = 0.01$ |
| 繰返し性の標準偏差 $\sigma_r$ | $\sigma_r = \overline{R} / d_2^*$ | 図 6.35（p.207）から、<br>$r = 5$、$k = 20$ のとき、<br>$d_2^* = 2.334$<br>$\sigma_r = 0.40 / 2.334 = 0.171$ |
| 偏りの標準偏差 $\sigma_b$ | $\sigma_b = \sigma_r / \sqrt{k}$ | $\sigma_b = 0.171 / \sqrt{20} = 0.038$ |
| 偏りの統計量 t | $t = B_o / \sigma_b$ | $t = 0.01 / 0.038 = 0.263$ |
| 有意水準 $a = 0.05$（5%）における偏りの信頼区間 $B_a$ | $B_a = B_o \pm \times \sigma_b \times t_{v, 1-a/2}$ | ① MSA 参照マニュアルの $d_2^*$ 表または日科技連数値表の"範囲を用いる検定の補助表"から、<br>$r = 5$、$k = 20$ のとき、<br>自由度 $v$（ニュー）$=72.7$<br>② 数値表の t 表から、<br>$t_{60,0.05/2} = 2.00$、$t_{120,0.05/2} = 1.98$<br>③ したがって、$t_{72.7,0.05/2} = 1.99$<br>$B_a = 0.01 \pm 0.038 \times 1.99$<br>$= -0.066 \sim +0.086$ |
| 偏りの評価結果 | $B = 0$ が上記 95% 信頼区間 $B_a$ 内にあれば、偏りは受け入れられる。 | $B = 0$ が上記 95% 信頼区間 $B_a$ 内、すなわち $-0.066 \sim +0.086$ の間にあるため、偏りは許容できる（図 6.16 参照）。 |

**図 6.14　偏り評価結果の例**

# 6.2.4　直線性の評価

## （1）　直線性評価の手順

直線性（linearity）とは、図 6.4（p.174）に示したように、測定器の使用（測定）範囲全体にわたる、各基準値における偏りの変化をいいます。

直線性評価の手順を図 6.15（pp.187 ～ 188）に示します。

| ステップ | 実施項目 | 実施事項 |
|---|---|---|
| 準備<br>ステップ 1 | サンプルの選定 | ①　工程変動または規格値の最大値と最小値近くを含む、$g$ 個（$g \geqq 5$）のサンプルを選ぶ。 |
| ステップ 2 | 基準値 $X$ の設定<br>基準値の平均値 $\overline{X}$ の算出 | ①　選んだサンプルを、精密測定室において熟練検査員によって $r$ 回（$r \geqq 10$）測定し、その平均値を基準値 $X$ とする。<br>②　基準値の平均値 $\overline{X}$ を算出する。<br>$$\overline{X}=\Sigma X \diagup g$$ |
| 測定<br>ステップ 3 | 測定の実施 | ①　直線性評価対象の測定器を使用している測定者が、その測定器を使って、上記の各サンプルを $r$ 回（$r \geqq 10$）測定する。 |
| 解析<br>ステップ 4 | 測定値の偏り $y$、偏りの平均値 $\overline{y}$ の、および偏りの総平均値 $\overline{\overline{y}}$ の算出 | ①　各測定値の偏り $y$ およびサンプルごとの偏りの平均値 $\overline{y}$、および偏りの総平均値 $\overline{\overline{y}}$ を、次の式から算出する。<br>$$y = x - X, \quad \overline{y} = \Sigma y \diagup r, \quad \overline{\overline{y}} = \Sigma \overline{y} \diagup g$$ |
| ステップ 5 | 偏りの最適直線の算出 | ①　次の計算式を用いて、偏りの最適直線の傾き $a$、および偏りの最適直線の切片 $b$ を求める。<br>$$a = (\Sigma xy - \Sigma x \Sigma y \diagup gr) \diagup (\Sigma x^2 - (\Sigma X)^2 \diagup gr)$$<br>$$b = \overline{\overline{y}} - a \times \overline{X}$$<br>・傾き $a$ は、Excel 関数 SLOPE から求めることができる。<br>②　次の計算式を用いて、偏りの最適直線（回帰直線）を計算する。<br>$$Y = aX + b$$<br>・ここで、Y：偏りの平均値、X：基準値 |

**図 6.15　直線性評価の手順（1/2）**

| ステップ | 実施項目 | 実施事項 |
|---|---|---|
| ステップ 6 | 偏りの 95% 信頼区間の算出 | ① 与えられた $X$ に対する 95% 信頼区間を、次の式から算出する。<br>・信頼区間<br>$$Y_a = aX + b \pm t_{gr\text{-}2,0.05/2}$$<br>$$\times \sqrt{1/gr + (X - \overline{X})^2 / \Sigma\,(X_i - \overline{X})^2} \times s$$<br>・ここで、<br>$$s = \sqrt{\left(\textstyle\sum \overline{y}^2 - b\sum \overline{y} - a\sum \overline{xy}\right)/(gr - 2)}$$ |
| ステップ 7 | 偏りの最適直線とその 95% 信頼区間のグラフの作成 | ① ステップ 5 およびステップ 6 の結果から、偏りの最適直線とその 95% 信頼区間をグラフに示す（図 6.17 参照）。 |
| 評価<br>ステップ 8 | 直線性変動の受入れ可否の検討 | ① 図 6.17 の直線性評価 − 偏りの最適直線とその 95% 信頼区間のグラフから、偏り $Y = 0$ の直線が最適直線の 95% 信頼区間の間に入っていれば、直線性変動は許容できると判断できる。 |
| 改善<br>ステップ 9 | 直線性変動の原因究明と改善 | ① ステップ 8 で、直線性が許容範囲内にない場合は、変動の特別原因を究明して改善する。 |

図 6.15　直線性評価の手順（2/2）

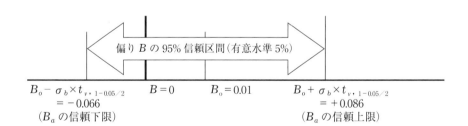

図から、$B = 0$ が 95% 信頼区間 $B_a$（− 0.066 ～ + 0.086）の範囲内にあるので、偏りは許容できる。

図 6.16　偏り評価結果の例

## （2）　直線性評価の実施例

　直線性の評価を実施する際は、測定システムの使用範囲全体にわたるように、基準値が1から5までの5個の製品サンプルを選び、精密測定室で測定して基準値を決めます。なお図6.18では、これらの基準値は、1.00、2.00、…、5.00となっていますが、基準値は必ずしもこのようにきりのよい値である必要はありません。

　直線性の測定システム評価対象の測定器を使用している作業者が、これらの製品サンプルを10回ずつ測定して、測定値の基準値からの偏りを求めます(図6.18参照)。

　次に、図6.15に示した直線性評価の手順に従って計算し、偏りの最適直線とその95%信頼区間を算出すると、図6.18に示すようになります。そして、偏りの最適直線とその95%信頼区間をグラフに表します(図6.17参照)。

　図6.17のグラフから、"偏りY = 0"の直線は95%信頼区間内に含まれています。したがって、この測定システムの直線性の変動は少なく、使用に適すると判断できます。

　もし、"偏りY = 0"の直線が95%信頼区間内に含まれず、信頼限界線と交差している場合、すなわち、Y = 0の直線が偏りの信頼限界線より外にある場合は、その測定システムは直線性変動が大きく、使用に適しません。測定システムには直線性の問題があり、その原因を見つけて改善することが必要です。

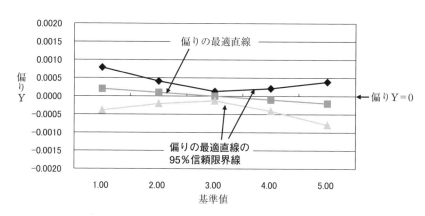

図 6.17　直線性の評価－偏りの最適直線と 95% 信頼区間

## 直線性評価報告書

| 製品名　XXXX | 製品サンプル数　$g=5$ |
|---|---|
| 特性　XXXX | 測定回数　$r=10$ |
| 測定器名　XXXX | 測定日　20xx-xx-xx |
| 測定器 No.　XXXX | 測定者　XXXX |

| サンプル No. | 1 | 2 | 3 | 4 | 5 | サンプル No. | 1 | 2 | 3 | 4 | 5 |
|---|---|---|---|---|---|---|---|---|---|---|---|
| 基準値 $X \rightarrow$ | 1.00 | 2.00 | 3.00 | 4.00 | 5.00 | 基準値 $X \rightarrow$ | 1.00 | 2.00 | 3.00 | 4.00 | 5.00 |
| 測定回数 $r \downarrow$ | 測定値 $x$ | | | | $\downarrow$ | 測定回数 $r \downarrow$ | 偏り $y = x - X$ | | | | $\downarrow$ |
| 1 | 1.00 | 2.01 | 3.00 | 3.99 | 4.98 | 1 | 0.00 | 0.01 | 0.00 | $-0.01$ | $-0.02$ |
| 2 | 1.00 | 2.00 | 3.00 | 4.01 | 5.00 | 2 | 0.00 | 0.00 | 0.00 | 0.01 | 0.00 |
| 3 | 1.00 | 1.99 | 3.01 | 4.01 | 5.01 | 3 | 0.00 | $-0.01$ | 0.01 | 0.01 | 0.01 |
| 4 | 1.00 | 2.00 | 3.00 | 3.98 | 5.00 | 4 | 0.00 | 0.00 | 0.00 | -0.02 | 0.00 |
| 5 | 0.99 | 2.01 | 2.99 | 4.01 | 4.99 | 5 | -0.01 | 0.01 | -0.01 | 0.01 | -0.01 |
| 6 | 1.00 | 2.00 | 3.00 | 4.01 | 5.00 | 6 | 0.00 | 0.00 | 0.00 | 0.01 | 0.00 |
| 7 | 1.00 | 1.99 | 3.01 | 4.01 | 5.01 | 7 | 0.00 | $-0.01$ | 0.01 | 0.01 | 0.01 |
| 8 | 1.00 | 2.00 | 3.00 | 3.99 | 5.00 | 8 | 0.00 | 0.00 | 0.00 | $-0.01$ | 0.00 |
| 9 | 1.00 | 2.01 | 2.99 | 4.00 | 4.99 | 9 | 0.00 | 0.01 | $-0.01$ | 0.00 | $-0.01$ |
| 10 | 1.00 | 2.00 | 3.00 | 4.01 | 5.00 | 10 | 0.00 | 0.00 | 0.00 | 0.01 | 0.00 |
| | | | | | | 平均値 $\bar{y}$ | $-0.001$ | 0.001 | 0.000 | 0.002 | $-0.002$ |

| 基準値の平均値 $\overline{X} = \Sigma X / g$ | $= (1.00 + 2.00 + 3.00 + 4.00 + 5.00) / 5 = 3.00$ |
|---|---|
| 偏りの総平均値 $\overline{y} = \Sigma \overline{y} / g$ | $= (-0.001 + 0.001 + 0.000 + 0.002 - 0.002) / 5$ $= 0.000$ |

| 偏りの最適直線 | 傾き $a = (\Sigma xy - \Sigma x \Sigma y / gr) /$ $(\Sigma x^2 - (\Sigma X)^2 / gr)$ | $= -0.00010$ （傾き $a$ は Excel 関数 SLOPE から求めることができる） |
|---|---|---|
| | 切片 $b = \overline{y} - a \times \overline{X}$ | $= 0.000 + 0.0001 \times 3.00 = 0.0003$ |
| | 最適直線　$Y = aX + b$ | $= -0.0001X + 0.0003$ |

| 標準偏差 $s = \sqrt{(\Sigma \overline{y}^2 - b\Sigma \overline{y} - a\Sigma xy)/(gr-2)}$ | $= \sqrt{(0.00001 + 0.0003 \times 0.00 - 0.0001 \times 0.001)/(50-2)}$ $= 0.00045$ |
|---|---|
| 偏りの最適直線の 95% 信頼区間 | $Y_a = aX + b \pm t_{gr-2, 0.05}$ $\times \sqrt{1/gr + (X - \overline{X})^2 / \Sigma (X_i - \overline{X})^2}$ $\times s$ | 数値表の $t$ 表から $t_{gr-2, 0.05} = t_{48, 0.05} = 2.01$ $Y_a = -0.0001X + 0.0003 \pm 2.01$ $\times \sqrt{1/50 + (X - \overline{X})^2 / \Sigma (X_i - \overline{X})^2}$ $\times 0.00045$ |

| | 基準値 $X$ | 1.00 | 2.00 | 3.00 | 4.00 | 5.00 |
|---|---|---|---|---|---|---|
| | $Y$ | 0.00020 | 0.00010 | 0.00000 | $-0.00010$ | $-0.00020$ |
| | $Y_a$ 上限 | 0.00079 | 0.00041 | 0.00013 | 0.00021 | 0.00039 |
| | $Y_a$ 下限 | $-0.00039$ | $-0.00021$ | $-0.00013$ | $-0.00041$ | $-0.00079$ |

図 6.18　直線性評価の例

## 6.2.5　繰返し性・再現性の評価(ゲージ R&R)

### (1)　*GRR* 評価の手順

　繰返し性(repeatability)とは、図 6.4(p.174)で示したように、一人の測定者が、同一製品の同一特性を、同じ測定機器を使って、数回にわたって測定したときの測定値の変動(幅)のことです。そして再現性(reproducibility)とは、異なる測定者が、同一製品の同一特性を、同じ測定機器を使って、何回か測定したときの、各測定者ごとの平均値の変動のことです。

　測定システムの変動のうち、幅の変動の原因となる繰返し性変動は、測定装置による変動に起因する点が大きいことから、装置変動(*EV*、equipment variation)とも呼ばれ、また再現性変動は、測定者による変動に起因する点が大きいことから、測定者変動(*AV*、appraiser variation)とも呼ばれます。

　これらを組み合わせた、繰返し性・再現性(*GRR*、gage repeatability and reproducibility)という評価方法があります。*GRR* は、次の式で表されます(図 6.19 参照)。

$$GRR^2 = EV^2 + AV^2$$

あるいは、　$\sigma_{GRR}^2 = \sigma_{EV}^2 + \sigma_{AV}^2$

*GRR* の評価方法には、次の 3 つがあります。

① 平均値 − 範囲($\overline{X} - R$)法

② 範囲法

③ 分散分析(ANOVA 、analysis of variance)法

本書では、最も一般的に使われている平均値 − 範囲($\overline{X} - R$)法について説明します。

　製品特性の測定結果の変動(*TV*、total variation)は、製品特性の実際の変動(*PV*、part variation)と、*GRR* を加えた結果となり、次の式で表されます(図 6.20 参照)。

$$TV^2 = PV^2 + GRR^2$$

　*GRR* 評価の判定基準としては、*GRR* を、*TV* で割った %*GRR* が使用されます。

$$\%GRR = 100 \times GRR \,/\, TV = 100 \times GRR \,/\, \sqrt{PV^2 + GRR^2}$$

　IATF 16949 では、図 6.21 に示すように、%$GRR$ は 10% 未満、すなわち $GRR$ が製品（測定データ）の変動の 10 分の 1 未満であることを求めています。

　なお MSA 参照マニュアルでは、例えば、製造現場と精密測定室では、測定環境の条件が異なるため、測定システムの合否判定は、単に図 6.21 の基準に従って行うのではなく、総合的に判断することを述べています。

　また、測定システム変動のもう一つの評価指標として、ゲージ R&R の識別能（分解能）を示す知覚区分数（$ndc$、number of distinct categories）という指標があります（図 6.22 参照）。これは、$PV$ の幅を $GRR$ の幅でいくつに分割できるかという値です。すなわち、$PV$ を $GRR$ で割った、次の式から求められます。

$$ndc = 1.41 \times PV \,/\, GRR$$

ここで係数 1.41 は、97% 信頼区間を考慮した係数で、$ndc$ は小数点以下を切り捨てて整数とし、5 以上であることが求められています。

　測定機器の識別能（分解能）は、一般的には少なくとも測定範囲の 10 分の 1 とすべきですが、測定機器の目盛の幅が粗い場合は、1 目盛の半分まで読み取れることから、$ndc$ は 5 以上あればよいと考えられます。

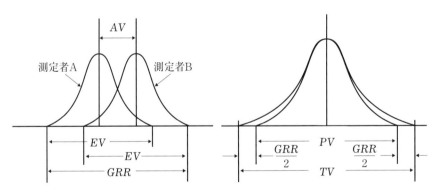

**図 6.19　繰返し性（$EV$）、再現性（$AV$）およびGRR**　　**図 6.20　製品変動（$PV$）、全変動（$TV$）およびGRR**

| 変動の程度 %GRR | %GRR < 10% | 10% ≦ %GRR ≦ 30% | 30% < %GRR |
|---|---|---|---|
| 評価基準 | **合 格**<br>・測定システムは許容できる。 | **条件付合格**<br>・測定の重要性、改善のためのコストなどを検討の結果、許容されることがある。 | **不合格**<br>・測定システムは許容できない。<br>・問題点を明確にし、是正努力を要する。 |

**図 6.21　繰返し性・再現性（%GRR）の判定基準**

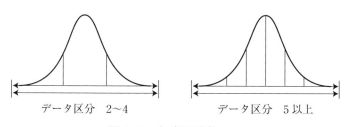

データ区分　2〜4　　　　　　　　データ区分　5 以上

**図 6.22　知覚区分数 ndc**

| 計測システムの区別 | 工程内で使用している計測システム<br>（工程のばらつきにもとづいた計測システム） | 検査工程で使用している計測システム<br>（公差（規格幅）にもとづいた計測システム） |
|---|---|---|
| 全変動または公差の使用 | TV を使用 | TV の代わりに、規格幅 W／6 を使用してもよい。 |
| %GRR の式 | $\%GRR = 100 \times GRR ／ TV$ | $\%GRR = 100 \times GRR ／ (W／6)$ |

**図 6.23　測定システム受入可否判断の方法**

$\overline{X}-R$ 法による $GRR$ 評価の手順は図 6.24（pp.194 〜 197）のようになります。$GRR$ データシートおよび $GRR$ 報告書の例と、測定データから $GRR$ の値を求める計算式を図 6.25（p.198）および図 6.26（p.200）に示します。

| ステップ | 実施項目 | 実施事項 |
|---|---|---|
| **準備・測定**<br>ステップ 1 | サンプル測定の実施 | （ステップ 1 〜 5 は図 6.25（p.198）の *GRR* データシートを参照）<br>① サンプリング計画を作成し、製品、特性、測定器、測定者数 $m$、サンプル数 $n$、測定回数 $r$ を決める。<br>② 測定範囲を代表する $n$ 個のサンプルを選び、測定者 A にこれらの $n$ 個のサンプルをランダムな順で $r$ 回測定させる。<br>③ 測定者 B と測定者 C にも、同じ $n$ 個のサンプルをランダムな順で $r$ 回測定させる。 |
| | *GRR* データシートの作成 | ① 測定データを *GRR* データシートに記入する（図 6.25 参照）。 |
| **管理図評価**<br>ステップ 2 | 平均値（$\overline{X}$）管理図および範囲（$R$）管理図の作成と評価 | ① 各測定者、各サンプルについて、測定回数 $r$ 回の測定値の平均値 $\overline{X}_a$、$\overline{X}_b$ および $\overline{X}_c$ を算出し、$\overline{X}$ 管理図に記入する。<br>② $\overline{X}$ 管理図から、測定システムが十分な識別能を持っていること、および測定者間の測定値の差の有無を調べる。<br>③ $\overline{X}$ 管理図の UCL、LCL 内の領域は、測定感度を表す。調査で用いるサンプルは、工程変動を代表するため、$\overline{X}$ 管理図において半分以上の点が管理限界線の外にあれば、測定システムが十分な識別能をもっており、使用可能と考えられる。<br>④ 各測定者による $r$ 回の測定値の範囲 $R$ を算出して $R$ 管理図に記入し、各測定者について、範囲 $R$ が管理状態にあるかどうかを調べる。<br>⑤ 変動の特別原因が存在せず管理状態にあれば、測定システムが安定していると判断できる。<br>⑥ 管理状態にない場合は、変動の特別原因を特定し、改善処置をとる。 |

図 6.24　*GRR* 評価の手順（1/4）

| ステップ | 実施項目 | 実施事項 |
|---|---|---|
| **数値計算**<br>ステップ 3 | 範囲平均値($\overline{R}$)および管理限界の算出 | ① 各測定者の測定値の範囲の平均値 $\overline{R}_a$、$\overline{R}_b$ および $\overline{R}_c$ を算出し、これらの範囲の平均値の平均値 $\overline{\overline{R}}$、および UCL を、次の式から算出する。<br>$\overline{\overline{R}} = (\overline{R}_a + \overline{R}_b + \overline{R}_c) / m$、　$UCL = \overline{\overline{R}} \times D_4$<br>　（測定回数 $r = 3$ のときは、$D_4 = 2.575$）<br>② 測定回数 $r < 7$ の場合は、範囲の LCL の値はゼロとする（図 5.34、p.169 参照）。 |
| ステップ 4 | 範囲平均値($\overline{R}$)管理図の管理外れに対する処置 | ① 範囲平均値管理図において、管理外れすなわち UCL より大きい値となった測定値に対して、それらの値を除外して平均値を計算し直し、修正したサンプルサイズにもとづいて、範囲の総平均 $\overline{\overline{R}}$ と UCL を再計算する。<br>② 管理外れの特別原因を明確にして改善する。 |
| ステップ 5 | 測定者間範囲($\overline{X}_d$)および製品平均値範囲($R_p$)の算出 | ① 測定者平均値 $X_m$ の最大値と最小値の差 $\overline{X}_d$ を算出する。<br>② 製品平均値 $X_n$ の最大値と最小値の差の製品平均値範囲 $R_p$ を算出する。 |
| **数値解析**<br>ステップ 6 | 繰返し性($EV$)の算出 | **（ステップ 6〜11 は図 6.26（p.200）GRR 報告書参照）**<br>① $EV$ は、範囲の総平均値 $\overline{\overline{R}}$ および係数 $K_1$ から、次の式で求められる。<br>$$EV = \overline{\overline{R}} \times K_1$$<br>・$K_1$ は測定回数によって決まる係数で、$d_2$ の逆数となる（図 6.35（p.207）参照）。 |
| | 再現性($AV$)の算出 | ① $AV$ は、ステップ 5 で求めた測定者間範囲 $\overline{X}_d$ と係数 $K_2$ から、次の式で求められる。<br>$$AV = \sqrt{(\overline{X}_d \times K_2)^2 - EV^2/nr}$$<br>・$n$ はサンプル数、$r$ は測定回数<br>・$K_2$ は測定者数で決まる係数で、$d_2{}^*$ の逆数となる（図 6.35、p.207 参照）。<br>・平方根の中が負になる場合は、$AV = 0$ とする。 |

図 6.24　*GRR* 評価の手順（2/4）

| ステップ | 実施項目 | 実施事項 |
|---|---|---|
| ステップ7 | 繰返し性・再現性($GRR$)、製品変動($PV$)および全変動($TV$)の算出 | ① $GRR$ は、$EV$ と $AV$ から次の式で算出される。<br>$$GRR = \sqrt{EV^2 + AV^2}$$<br>② $PV$ は、ステップ5で求めた製品平均値範囲 $R_p$ と係数 $K_3$ から、次の式で算出される。<br>$$PV = R_p \times K_3$$<br>・$K_3$ は、サンプル数によって決まる係数で、$d_2^*$ の逆数となる（図 6.35、p.207 参照）<br>・$d_2^*$ はサンプル数($n$)およびサブグループ数($k$)によって決まる係数で、ここでは、$k=1$ となる。<br>③ $TV$ は、$GRR$ と $PV$ から、次の式で算出される。<br>$$TV = \sqrt{GRR^2 + PV^2}$$ |
| ステップ8 | %$GRR$ の算出 | ① 各変動要素の $TV$ に対する割合、すなわち%全変動を、次の式で算出する。<br>$$\%EV = 100\ EV\ /\ TV$$<br>$$\%AV = 100\ AV\ /\ TV$$<br>$$\%PV = 100\ PV\ /\ TV$$<br>$$\%GRR = 100\ GRR\ /\ TV$$ |
| | | ② 工程変動ではなく規格幅にもとづいて解析を行う場合の%$GRR$ は、上の式の分母の $TV$ の代わりに規格幅 $W$ を6で割った値($W/6$)を用いて計算することができる。<br>③ 例えば、工程性能指数が小さい($P_p < 1.0$)工程に対する、製品選別用の測定システムには、次の式を用いる。<br>$$\%GRR = 100\ GRR\ /(W\ /\ 6)$$<br>④ すなわち、工程管理用の計測システム解析には%$GRR$ の式の分母に $TV$ を用い、検査用の計測システム解析には%$GRR$ の式の分母に $W/6$ を用いる（図 6.23（p.193）参照）。 |

図 6.24　$GRR$ 評価の手順（3/4）

| ステップ | 実施項目 | 実施事項 |
|---|---|---|
| ステップ9 | 知覚区分数<br>($ndc$)の算出 | ① 測定システムで確実に区別することのできる $ndc$ を、次の式で算出する（図 6.22 参照）。<br><br>$$ndc = 1.41(PV \diagup GRR)$$<br><br>$ndc$ は切り捨てて整数とする。 |
| 評価<br>ステップ10 | 測定システムの受入れ可否の判断 | ① 測定システムに対する受入れ可否を次の判定基準により判定する。<br><br>$\%GRR < 10\%$：合格<br>$10\% \leqq \%GRR \leqq 30\%$：条件付合格<br>$30\% < \%GRR$：不合格<br><br>② $ndc$ で判定する場合の合否判定基準は、次のようになる。<br><br>$$ndc \geqq 5$$ |
| 改善<br>ステップ11 | 改善処置の実施 | ① ステップ 10 の結果が不合格となった場合は、原因を見つけて改善処置をとる。<br>② 改善処置後の $\%GRR$ および $ndc$ を再算出する。 |

**図 6.24　GRR 評価の手順（4/4）**

## （2）　GRR 評価の実施例

GRR 評価の実施例について説明しましょう。

サンプル数 $n = 10$、測定者数 $m = 3$、測定回数 $r = 3$ とします。測定範囲を代表する 10 個のサンプル、測定者 3 人（A、B、C）を選び、それぞれ 3 回ずつランダムな順番に測定させます。

測定者ごと、サンプルごとおよび測定回数ごとの測定データの例を、図 6.25 の GRR データシートに示します。図 6.25 のデータシートには、計算を簡単にするために、測定データから製品規格値の 200 を引いた値が記載されています。

測定データから、製品ごとの平均値（製品平均値）$X_n$、測定者ごとの平均値 $\overline{X_a}$、$\overline{X_b}$ および $\overline{X_c}$、および測定者ごとの範囲 $\overline{R_a}$、$\overline{R_b}$ および $\overline{R_c}$ を算出し、平均値（$\overline{X}$）管理図および範囲（R）管理図を作成して評価し、必要な処置をとります。

測定値の総平均値 $\overline{\overline{X}}$、測定値の範囲の総平均値 $\overline{\overline{R}}$、製品平均値の範囲 $R_p$ および測定者間の範囲 $\overline{X_d}$ を、図 6.25 に示した式を用いて計算し、GRR データシートに記載します。

# *GRR* データシート

| 特性　XXXX | | | | 規格　200.00 ± 5.00 mm | | | データ　測定値から規格値の 200 を引いた値 | | | |
|---|---|---|---|---|---|---|---|---|---|---|

| サンプル数　$n = 10$ | | 測定者数　$m = 3$ | | | 測定回数　$r = 3$ | | | | | |
|---|---|---|---|---|---|---|---|---|---|---|

| 測定者 | 測定回数 | サンプル | | | | | | | | | | 測定者 平均値 $X_m$ |
|---|---|---|---|---|---|---|---|---|---|---|---|
| | | 1 | 2 | 3 | 4 | 5 | 6 | 7 | 8 | 9 | 10 | |
| A | 1 | 2.00 | 2.00 | 5.00 | −2.00 | −5.00 | 1.00 | −4.00 | 5.00 | 0.00 | −1.00 | |
| | 2 | 2.10 | 2.10 | 5.10 | −1.90 | −4.90 | 1.10 | −3.90 | 5.10 | 0.10 | −0.90 | |
| | 3 | 1.90 | 1.90 | 4.90 | −2.10 | −5.10 | 0.90 | −4.10 | 4.90 | −0.10 | −1.10 | |
| | 平均 | 2.00 | 2.00 | 5.00 | −2.00 | −5.00 | 1.00 | −4.00 | 5.00 | 0.00 | −1.00 | 0.300 $\overline{X}_a$ |
| | 範囲 | 0.20 | 0.20 | 0.20 | 0.20 | 0.20 | 0.20 | 0.20 | 0.20 | 0.20 | 0.20 | 0.200 $\overline{R}_a$ |
| B | 1 | 2.10 | 2.10 | 5.10 | −1.90 | −4.90 | 1.10 | −3.90 | 5.10 | 0.10 | −0.90 | |
| | 2 | 2.20 | 2.20 | 5.20 | −1.80 | −4.80 | 1.20 | −3.80 | 5.20 | 0.20 | −0.80 | |
| | 3 | 2.00 | 2.00 | 5.00 | −2.00 | −5.00 | 1.00 | −4.00 | 5.00 | 0.00 | −1.00 | |
| | 平均 | 2.10 | 2.10 | 5.10 | −1.90 | −4.90 | 1.10 | −3.90 | 5.10 | 0.10 | −0.90 | 0.400 $\overline{X}_b$ |
| | 範囲 | 0.20 | 0.20 | 0.20 | 0.20 | 0.20 | 0.20 | 0.20 | 0.20 | 0.20 | 0.20 | 0.200 $\overline{R}_b$ |
| C | 1 | 1.90 | 1.90 | 4.90 | −2.10 | −5.10 | 0.90 | −4.10 | 4.90 | −0.10 | −1.10 | |
| | 2 | 2.00 | 2.00 | 5.00 | −2.00 | −5.00 | 1.00 | −4.00 | 5.00 | 0.00 | −1.00 | |
| | 3 | 1.80 | 1.80 | 4.80 | −2.20 | −5.20 | 0.80 | −4.20 | 4.80 | −0.20 | −1.20 | |
| | 平均 | 1.90 | 1.90 | 4.90 | −2.10 | −5.10 | 0.90 | −4.10 | 4.90 | −0.10 | −1.10 | 0.200 $\overline{X}_c$ |
| | 範囲 | 0.20 | 0.20 | 0.20 | 0.20 | 0.20 | 0.20 | 0.20 | 0.20 | 0.20 | 0.20 | 0.200 $\overline{R}_c$ |
| 製品平均値 $X_n$ | | 2.00 | 2.00 | 5.00 | −2.00 | −5.00 | 1.00 | −4.00 | 5.00 | 0.00 | −1.00 | 0.300 $\overline{\overline{X}}$ |

| 総平均値 | $\overline{\overline{X}} = (\overline{X}_a + \overline{X}_b + \overline{X}_c) / m = (0.300 + 0.400 + 0.200) /3 =$ | 0.300 |
|---|---|---|
| 製品平均値範囲 | $R_p = X_{n\,max} - X_{n\,min} = 5.00 + 5.00 =$ | 10.00 |
| 範囲の総平均値 | $\overline{R} = (\overline{R}_a + \overline{R}_b + \overline{R}_c)/m = (0.200 + 0.200 + 0.200) /3 =$ | 0.200 |
| 測定者間範囲 | $\overline{X}_d = X_{m\,max} - X_{m\,min} = 0.400 - 0.200 =$ | 0.200 |

図 6.25　*GRR* データシートの例

次に、図 6.26 の *GRR* 報告書に示した計算式を用いて、次の順に計算を行い、*GRR* 報告書に記載します。

① 繰返し性(装置変動、*EV*)、ここで $K_1$ は測定回数によって決まる係数
② 再現性(測定者変動、*AV*)、ここで $K_2$ は測定者数で決まる係数
③ 繰返し性・再現性(*GRR*)
④ 製品変動(*PV*)、ここで $K_3$ はサンプル数によって決まる係数
⑤ 全変動(*TV*)
⑥ 繰返し性・再現性の全変動比(% *GRR*)
⑦ 知覚区分数(*ndc*)

図 6.26 から %*GRR* の値は 4.95% となり、この値は 10% 未満であることから、図 6.21 (p.193)の *GRR* 判定基準に対して合格となります。また知覚区分数(*ndc*)の値も 28 で、合格基準の 5 以上を満たしています。したがって、この測定システムは、変動の大きさ、識別能ともに合格と判断できます。

もし、%*GRR* の値が合格基準を満たさない場合は、測定システムの変動(誤差)が大きく、使用に適さないため、変動の原因を究明して改善処置をとります。繰返し性(装置変動)(*EV*)の値に比べて再現性(測定者変動)(*AV*)の値が大きい場合は、測定者によるばらつきが大きい可能性があります。

## (3) *GRR* の算出結果に対する考察

ところで、IATF 16949(ISO/TS 16949)認証を取得している組織の方から、「毎年製造工程の改善に努めてきたが、2016 年に ISO/TS 16949 認証を取得した際には、特殊特性 *X* の %*GRR* は 10% であったが、その後徐々に大きくなり、最近は 20% になってしまった」という内容の話を聞くことがあります。

その原因の一つに、製造工程改善の結果として工程能力が高くなり、*PV* が小さくなったために、%*GRR* が大きくなった可能性があります。%*GRR* は次の式で表されるため、工程変動が小さくなると *PV* が小さくなり、%*GRR* は大きくなるのです。

$$\%GRR = 100\ GRR\ /\ TV、ここで\ TV = \sqrt{GRR^2 + PV^2}$$

*GRR* を小さくするためには、*EV* または *AV* を小さくする必要があり、簡単ではない場合もあります。%*GRR* の評価には注意が必要です。

# GRR 報告書

| 製品名称・番号　XXXX | 測定器名　XXXX | 日付　20xx-xx-xx |
|---|---|---|
| 特性　XXXX | 測定器番号　XXXX | 作成者　XXXX |
| 規格　200.00 ± 5.00 mm | 測定器タイプ　XXXX | |
| サンプル数　$n = 10$ | 測定者数　$m = 3$ | 測定回数　$r = 3$ |

| GRR データシートから<br>（図 6.25 参照） | 範囲の総平均値 | $\overline{\overline{R}}$ = 0.200 |
|---|---|---|
| | 測定者間範囲 | $\overline{X_d}$ = 0.200 |
| | 製品平均値範囲 | $R_p$ = 10.00 |

| 項　目 | 計算式 | 計算結果 |
|---|---|---|
| 繰返し性（装置変動）（EV） | $EV = \overline{\overline{R}} \times K_1$ | $EV = 0.200 \times 0.591 = 0.118$ |
| 再現性（測定者変動）（AV） | $AV = \dfrac{}{\sqrt{(\overline{X_d} \times K_2)^2 - EV^2/nr}}$ | $AV = \sqrt{(0.200 \times 0.523)^2 - (0.118)^2 / 30}$ <br> $= 0.102$ |
| 繰返し性・再現性（GRR） | $GRR = \sqrt{EV^2 + AV^2}$ | $GRR = \sqrt{(0.118)^2 + (0.102)^2}$ <br> $= 0.156$ |
| 製品変動（PV） | $PV = R_p \times K_3$ | $PV = 10.00 \times 0.315 = 3.15$ |
| 全変動（TV） | $TV = \sqrt{GRR^2 + PV^2}$ | $TV = \sqrt{(0.156)^2 + (3.15)^2} = 3.15$ |
| 繰返し性・再現性の全変動比（% GRR） | $\% GRR = 100 \times GRR/TV$ | $\% GRR = 100 \times 0.156 / 3.15 = 4.95\%$ <br> （10.0% 未満であるため合格） |
| 知覚区分数（ndc） | $ndc = 1.41 \times PV/GRR$ | $ndc = 1.41 \times 3.15 / 0.156 = 28.5 \rightarrow 28$ <br> （小数点以下切捨て） <br> （5 以上であるため合格） |

［備考］　MSA 解析で用いる各係数については、図 6.35（p.207）を参照

## 図 6.26　GRR 報告書の例

# 6.3　計数値の測定システム解析

## 6.3.1　クロスタブ法評価の手順

　製造工程の能力が十分でなく、規格外れの製品すなわち不良品が発生する場合について考えてみましょう。その場合製造工程では、規格外れの製品を取り除くための選別検査が必要となります。

　選別検査、すなわち規格内にある製品は合格とし、規格外の製品は不合格とするための計数値ゲージ（通止ゲージ、Go ／ NoGo ゲージ）が使われることがあります。計数値ゲージは、計量値測定器とは異なり、製品がどの程度よいか、またはどの程度悪いかを示すことはできず、単に製品を合格とするか不合格とするかを判断（すなわち 2 区分に分類）するものです（図 6.27 参照）。

　目視検査も、Go ／ NoGo ゲージと同様に、計数値測定システムに相当しますが、この場合は例えば、非常によい、よい、普通、悪い、非常に悪いというように、数区分に分類されることがあります。

　このような計数値測定システム解析データシート（クロスタブ表）の様式の例を図 6.28 に、クロスタブ表（cross-tab、分割表）の例を図 6.29 に、そしてクロスタブ法による計数値測定システムの許容判定基準の例を図 6.30 に示します。

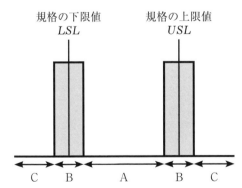

・領域A：常に良品と判定される。
・領域B：良品を不良品または不良品を良品と誤判定される可能性がある。
・領域C：常に不良品と判定される。

図 6.27　計数値測定システムによる製品の合否判定

　Go ／ NoGo ゲージや外観検査などの、計数値測定システムのクロスタブ法による評価の手順は、図 6.32 のようになります。

　なお、サンプルの基準値をあらかじめ決めない評価方法もありますが、ここでは、技術者または熟練検査員による合否判定によって、あらかじめサンプルの基準値を決める計数値測定システムの評価方法について説明します。

| 製品 | | 特性 | | | サンプル数<br>$n=$ | | 測定回数<br>$r=$ | | 測定者 | | 測定日 | |
|---|---|---|---|---|---|---|---|---|---|---|---|---|
| 製品<br>No. | 基準<br>判定 | 測定者による判定 | | | 基準判定と測定者の判定の比較 | | | | | | | |
| | | 1回目 | 2回目 | 3回目 | $a$ | $b$ | $c$ | $d$ | $e$ | $f$ | | |
| 1 | | | | | | | | | | | | |
| 2 | | | | | | | | | | | | |
| 3 | | | | | | | | | | | | |
| 4 | | | | | | | | | | | | |
| 5 | | | | | | | | | | | | |
| 6 | | | | | | | | | | | | |
| 7 | | | | | | | | | | | | |
| 8 | | | | | | | | | | | | |
| 9 | | | | | | | | | | | | |
| 10 | | | | | | | | | | | | |
| : | | | | | | | | | | | | |
| 50 | | | | | | | | | | | | |
| 合計 | | | | | | | | | | | | |

図 6.28　クロスタブ表の様式

| | | 基準判定 | |
|---|---|---|---|
| | | 合格品個数 | 不合格品個数 |
| 基準判定 | 基準判定個数 | $a$ | $b$ |
| 測定者による判定 | $r$ 回とも合格判定個数 | $c$ | |
| | $r$ 回とも不合格判定個数 | | $d$ |
| | 合格判定回数 | | $e$ |
| | 不合格判定回数 | $f$ | |

図 6.29　クロスタブ表（分割表）

## 6.3.2 クロスタブ法評価の実施例

　製造工程から 50 個の製品サンプル($n=50$)を、工程変動の全範囲にわたるようにランダムに選びます。測定者 A さんに 50 個のサンプルを 3 回測定($r=3$)してもらいます。A さんの測定結果から作成したデータシートの例を図 6.33 に、クロスタブ表の例を図 6.31 に示します。

　このクロスタブ表から、図 6.30 に示した計算式を用いて、有効性、ミス率および誤り警告率を算出して判定すると、図 6.34(p.206)のようになります。この結果から、A さんは、有効性と誤り警告率については合格ですが、ミス率は不合格ということになります。

| 項　目 | 計算式 | 判定基準 | | |
|---|---|---|---|---|
| | | 合　格 | 条件付合格[注] | 不合格 |
| 有効性 | $(c+d)\,/\,(a+b)$ | ≧90% | ≧80% | <80% |
| ミス率 | $e\,/\,(b\times r)$ | ≦2% | ≦5% | >5% |
| 誤り警告率 | $f\,/\,(a\times r)$ | ≦5% | ≦10% | >10% |

注)　条件付合格：測定システムは受入れ可能であるが改善が必要

**図 6.30　クロスタブ法による計数値測定システムの受入れ判定基準**

| | | 基準判定 | |
|---|---|---|---|
| | | 合格品 | 不合格品 |
| 基準判定 | 基準判定個数 | $a=30$ | $b=20$ |
| 検査員の判定 | 3回とも合格判定個数 | $c=29$ | |
| | 3回とも不合格判定個数 | | $d=18$ |
| | 合格判定回数 | | $e=2$ |
| | 不合格判定回数 | $f=2$ | |

**図 6.31　クロスタブ表の例**

　なお、図6.30に示した判定基準は絶対的なものではなく、IATF 16949では、顧客指定の外観品目の測定システムの場合は、外観検査員の合否判定基準は顧客の了解を得ることが必要となる場合があります。

| ステップ | 実施項目 | 実施事項 |
|---|---|---|
| 準備<br>ステップ1 | サンプリング計画の作成、サンプルの選定、基準値の設定 | ① サンプリング計画を作成し、サンプル数n、測定者数mおよび測定(検査)回数rを決める。<br>② 製造工程から50個の製品サンプルを、工程変動の全範囲にわたるように、ランダムに選定する。<br>③ 50個のサンプルに対して、技術者または熟練検査員による合否判定を行い、基準値とする。<br>④ この際に複数の検査員による合否判定を行い、結果が一致しなかったサンプルにはついて、技術者が評価し決定する方法もある。 |
| 測定<br>ステップ2 | 測定の実施 | ① 検査員m人に同じサンプル50個をランダムな順に、r回検査させる。 |
| 解析<br>ステップ3 | クロスタブ表の作成 | ① 検査員の検査結果(合否判定結果)と基準判定とのクロスタブ表を作成する。 |
| ステップ4 | 検査の有効性、ミス率および誤り警告率の算出 | ① 検査の有効性、ミス率および誤り警告率を算出する。<br>・検査の有効性<br>　＝(測定回数r回すべてにおける測定者の判定結果が基準判定と一致した個数)／(測定個数)<br>・検査のミス率(第二種の誤り)<br>　＝(基準判定が不合格で、測定者の判定が合格の回数)／(基準判定が不合格の回数)<br>・検査の誤り警告率(第一種の誤り)<br>　＝(基準判定が合格で、測定者の判定が不合格の回数)／(基準判定が合格の回数) |
| 評価<br>ステップ5 | 計数値測定システムの評価 | ① 図6.30の判定基準にもとづいて、検査の有効性、ミス率および誤り警告率を評価・判定する。 |
| 改善<br>ステップ6 | 不合格の場合、原因を究明して改善 | ① 判定結果が不合格の場合は、その原因を究明して改善する。 |

図6.32　クロスタブ法評価の手順

| 製品 XXXX | 特性 XXXX | サンプル数 $n = 50$ | 測定回数 $r = 3$ | 測定者 Aさん | 測定日 20XX-XX-XX |
|---|---|---|---|---|---|

| 製品 No. | 基準判定 (注1) | 測定者の判定 (注1) | | | 基準判定と測定者の判定の比較 (注2) | | | | | |
|---|---|---|---|---|---|---|---|---|---|---|
| | | 1回目 | 2回目 | 3回目 | $a$ | $b$ | $c$ | $d$ | $e$ | $f$ |
| 1 | ○ | ○ | ○ | ○ | 1 | | 1 | | | |
| 2 | ○ | ○ | ○ | ○ | 1 | | 1 | | | |
| 3 | × | × | × | × | | 1 | | 1 | | |
| 4 | ○ | ○ | ○ | ○ | 1 | | 1 | | | |
| 5 | × | × | × | × | | 1 | | 1 | | |
| 6 | ○ | ○ | ○ | ○ | 1 | | 1 | | | |
| 7 | × | × | × | × | | 1 | | 1 | | |
| 8 | ○ | ○ | ○ | ○ | 1 | | 1 | | | |
| 9 | × | × | × | × | | 1 | | 1 | | |
| 10 | ○ | ○ | ○ | ○ | 1 | | 1 | | | |
| 11 | ○ | ○ | ○ | ○ | 1 | | 1 | | | |
| 12 | ○ | ○ | ○ | ○ | 1 | | 1 | | | |
| 13 | × | × | × | × | | 1 | | 1 | | |
| 14 | ○ | ○ | ○ | ○ | 1 | | 1 | | | |
| 15 | × | × | ○ | × | | 1 | | | 1 | |
| 16 | ○ | ○ | ○ | ○ | 1 | | 1 | | | |
| 17 | × | × | × | × | | 1 | | 1 | | |
| 18 | ○ | ○ | ○ | ○ | 1 | | 1 | | | |
| 19 | × | × | × | × | | 1 | | 1 | | |
| 20 | ○ | ○ | ○ | ○ | 1 | | 1 | | | |
| 21 | ○ | × | ○ | × | 1 | | | | | 2 |
| 22 | ○ | ○ | ○ | ○ | 1 | | 1 | | | |
| 23 | × | × | × | × | | 1 | | 1 | | |
| 24 | ○ | ○ | ○ | ○ | 1 | | 1 | | | |
| 25 | × | × | × | × | | 1 | | 1 | | |
| 26 | ○ | ○ | ○ | ○ | 1 | | 1 | | | |
| 27 | × | × | × | × | | 1 | | 1 | | |
| 28 | ○ | ○ | ○ | ○ | 1 | | 1 | | | |
| 29 | × | × | × | × | | 1 | | 1 | | |
| 30 | ○ | ○ | ○ | ○ | 1 | | 1 | | | |
| 31 | ○ | ○ | ○ | ○ | 1 | | 1 | | | |
| 32 | ○ | ○ | ○ | ○ | 1 | | 1 | | | |
| 33 | × | × | × | × | | 1 | | 1 | | |
| 34 | ○ | ○ | ○ | ○ | 1 | | 1 | | | |
| 35 | × | × | × | ○ | | 1 | | | 1 | |
| 36 | ○ | ○ | ○ | ○ | 1 | | 1 | | | |
| 37 | × | × | × | × | | 1 | | 1 | | |
| 38 | ○ | ○ | ○ | ○ | 1 | | 1 | | | |
| 39 | × | × | × | × | | 1 | | 1 | | |
| 40 | ○ | ○ | ○ | ○ | 1 | | 1 | | | |
| 41 | ○ | ○ | ○ | ○ | 1 | | 1 | | | |
| 42 | ○ | ○ | ○ | ○ | 1 | | 1 | | | |
| 43 | × | × | × | × | | 1 | | 1 | | |
| 44 | ○ | ○ | ○ | ○ | 1 | | 1 | | | |
| 45 | × | × | × | × | | 1 | | 1 | | |
| 46 | ○ | ○ | ○ | ○ | 1 | | 1 | | | |
| 47 | × | × | × | × | | 1 | | 1 | | |
| 48 | ○ | ○ | ○ | ○ | 1 | | 1 | | | |
| 49 | × | × | × | × | | 1 | | 1 | | |
| 50 | ○ | ○ | ○ | ○ | 1 | | 1 | | | |
| 合 計 | | | | | 30 | 20 | 29 | 18 | 2 | 2 |

［備考］ （注1）合格を○、不合格を×で示す。（注2）$a$、$b$、$c$、$d$ は個数、$e$、$f$ は回数を示す。

**図 6.33 計数値測定システム解析データシートの例**

| 項目 | 計算式 | 計算結果 | 判定 |
|---|---|---|---|
| 有効性 | $(c+d)\diagup(a+b)$ | $(29+18)\diagup(30+20)=94\%$ | 合格 |
| ミス率 | $e\diagup(b\times r)$ | $2\diagup(20\times3)=3.3\%$ | 不合格 |
| 誤り警告率 | $f\diagup(a\times r)$ | $2\diagup(30\times3)=2.2\%$ | 合格 |

図 6.34　クロスタブ法による測定システムの判定結果の例

# 6.4　IATF 16949 における MSA の特徴

IATF 16949 における MSA の特徴について説明しましょう。

一般的には、測定器の校正は行われていますが、測定システム全体の信頼性を評価する測定システム解析（MSA）はあまり行われていません。IATF 16949 では、ゲージ R&R などの測定システム解析の実施を要求しています。

計量値の MSA 手法としては、安定性、偏り、直線性および繰返し性・再現性の評価（ゲージ R&R 評価）などがあり、計数値の測定システム解析手法としては、クロスタブ法（分割表法）などがあります。

IATF 16949 では、コントロールプランに記載された測定システムに対して、MSA を実施することが要求されています。

## 筆者からの提言

IATF 16949 で求められていることではありませんが、MSA に関連して、筆者の考えを下記します。

例えば、ある製品特性の検査システムの MSA 評価を行った結果、%$GRR$ は 10% であったとします。ということは、この製品特性の測定データ（$TV$）には 10% の測定システムの変動（誤差）が含まれているということになります。したがって、製品特性の検査を行う場合には、顧客と約束した検査規格よりも 10% 厳しい条件で検査をしないと、顧客の要求を保証することができないことになります。組織の検査規格を設定する際には、MSA の値を考慮することが必要です。

| 用　途 | 記号 | 内　容 |
|---|---|---|
| 安定性評価 | $A_2$ | $\overline{X}$ 管理図において、サンプル数によって決まる係数 |
| | $D_4$ | $R$ 管理図において、サンプル数によって決まる係数 |
| 偏り評価 | $d_2$ | サンプル数によって決まる係数 |
| | $d_2{}^*$ | サンプル数およびサブグループ数によって決まる係数 |
| GRR 評価 | $K_1$ | 測定回数によって決まる係数 |
| | $K_2$ | 測定者数によって決まる係数 |
| | $K_3$ | サンプル数によって決まる係数 |

| 係数 ＼ 数 | 2 | 3 | 4 | 5 | 6 | 7 | 8 | 9 | 10 |
|---|---|---|---|---|---|---|---|---|---|
| $A_2$ | 1.880 | 1.023 | 0.729 | 0.577 | 0.483 | 0.419 | 0.373 | 0.337 | 0.308 |
| $D_4$ | 3.267 | 2.575 | 2.282 | 2.115 | 2.004 | 1.924 | 1.864 | 1.816 | 1.777 |
| $d_2$ | 1.128 | 1.693 | 2.059 | 2.326 | 2.534 | 2.704 | 2.847 | 2.970 | 3.078 |
| $d_2{}^*$ | 1.144 | 1.704 | 2.068 | 2.334 | 2.541 | 2.711 | 2.853 | 2.976 | 3.083 |
| $K_1$ | 0.886 | 0.591 | 0.486 | 0.430 | 0.395 | 0.370 | 0.351 | 0.337 | 0.325 |
| $K_2$ | 0.707 | 0.523 | 0.447 | 0.403 | 0.374 | 0.353 | 0.338 | 0.325 | 0.315 |
| $K_3$ | 0.707 | 0.523 | 0.447 | 0.403 | 0.374 | 0.353 | 0.338 | 0.325 | 0.315 |

［備考1］　AIAG：*Reference Manual,* "Measurement System Analysis 4nd edition"
　　　　　(2010)、森口繁一、日科技連数値表委員会 編：『新編 日科技連数値表－第2版－』
　　　　　(2009 年)をもとに著者作成
上表の $d_2{}^*$ はサブグループ数 $k = 20$ のときの値
［備考2］
　　第5章(図 5.18、p.150)でも述べましたが、上記の係数表を見るとわかるように、サンプル数 $n$(測定回数、測定者数、サンプル数など)の値が大きくなると、測定データの信頼性が大きくなるため、係数 $K_1$ や係数 $K_2$ の値は小さくなります。ただし $d_2$ のように、除数(割り算)として使われる係数は、サンプル数 $n$ の値が大きくなると係数の値も大きくなります。

図 6.35　MSA 解析で用いられる係数表

# 参考文献

[1]　日本規格協会編：『対訳 IATF 16949：2016　自動車産業品質マネジメン
　　トシステム規格 − 自動車産業の生産部品及び関連するサービス部品の組織
　　に対する品質マネジメントシステム要求事項』、日本規格協会、2016 年
[2]　AIAG：Reference Manuals
　− 『Advanced Product Quality Planning(APQP) and Control Plan』2nd
　　edition, 2008
　− 『Production Part Approval Process(PPAP)』4th edition, 2006
　− 『Service Production Part Approval Process(Service PPAP)』1st
　　edition, 2014
　− 『Potential Failure Mode and Effects Analysis(FMEA)』4th edition,
　　2008
　− 『Statistical Process Control(SPC)』2nd edition, 2005
　− 『Measurement System Analysis(MSA)』4th edition, 2010
[3]　岩波好夫：『図解 ISO/TS 16949 コアツール − できる FMEA・SPC・
　　MSA』、日科技連出版社、2008 年
[4]　岩波好夫：『図解 ISO/TS 16949 の完全理解 − 要求事項からコアツールま
　　で』、日科技連出版社、2010 年

# 索　引

## 著者紹介

いわなみ よしお
岩波 好夫

経　歴　名古屋工業大学 大学院 修士課程修了（電子工学専攻）
　　　　株式会社東芝入社
　　　　米国フォード社 ECU 開発プロジェクトメンバー、半導体 LSI 開発部長、米
　　　　国デザインセンター長、品質保証部長などを歴任
現　在　岩波マネジメントシステム代表
　　　　JRCA 登録 ISO 9000 主任審査員（A01128）
　　　　IRCA 登録 ISO 9000 リードオーディター（A008745）
　　　　AIAG 登録 QS-9000 オーディター（CR05-0396、〜 2006 年）
　　　　現住所：東京都町田市
　　　　趣味：卓球
著　書　『ISO 9000 実践的活用』（オーム社）、『図解 ISO 9000 よくわかるプロセス
　　　　アプローチ』、『図解 ISO/TS 16949 コアツール－できる FMEA・SPC・
　　　　MSA』、『図解 ISO/TS 16949 の完全理解－要求事項からコアツールまで』（い
　　　　ずれも日科技連出版社）など

# 図解 IATF 16949 よくわかるコアツール【第3版】
## ―APQP・PPAP・AIAG&VDA FMEA・SPC・MSA―

2017 年 3 月 30 日　　初　版第 1 刷発行
2019 年 5 月 8 日　　初　版第 7 刷発行
2020 年 2 月 27 日　　第 2 版第 1 刷発行
2021 年 7 月 20 日　　第 2 版第 4 刷発行
2022 年 1 月 26 日　　第 3 版第 1 刷発行
2023 年 9 月 20 日　　第 3 版第 3 刷発行

著　者　　岩　波　好　夫
発行人　　戸　羽　節　文

検印
省略

発行所　株式会社 日科技連出版社
〒 151-0051　東京都渋谷区千駄ヶ谷 5-15-5
DS ビル
電　話　出版　03-5379-1244
営業　03-5379-1238

Printed in Japan

印刷・製本　河北印刷株式会社

© *Yoshio Iwanami 2017, 2020, 2022*　　ISBN 978-4-8171-9748-1
URL https://www.juse-p.co.jp/